富贵“险”中求

家庭财富风险管理

之养老篇

主　编◎宋晓恒　副主编◎彭　博　柳先涛
编　委◎刘　伟　李　爽　刘毅彬　杨洁涵　刘思彤　边　玥

经济管理出版社
ECONOMY & MANAGEMENT PUBLISHING HOUSE

图书在版编目（CIP）数据

富贵“险”中求：家庭财富风险管理之养老篇 / 宋晓恒主编 . —北京：经济管理出版社，2020.9

ISBN 978-7-5096-7598-4

Ⅰ. ①富… Ⅱ. ①宋… Ⅲ. ①家庭财产—财务管理 Ⅳ. ① TS976.15

中国版本图书馆 CIP 数据核字（2020）第 183119 号

组稿编辑：丁慧敏
责任编辑：丁慧敏 韩 峰
责任印制：赵亚荣
责任校对：王淑卿

出版发行：经济管理出版社
（北京市海淀区北蜂窝 8 号中雅大厦 A 座 11 层 100038）
网 址：www.E-mp.com.cn
电 话：（010）51915602
印 刷：唐山昊达印刷有限公司
经 销：新华书店
开 本：710mm × 1000mm/16
印 张：7.75
字 数：104 千字
版 次：2020 年 9 月第 1 版 2020 年 9 月第 1 次印刷
书 号：ISBN 978-7-5096-7598-4
定 价：48.00 元

联系地址：北京阜外月坛北小街 2 号
电话：（010）68022974 邮编：100836

序言

要想做好家庭的“财富风险管理”，就要先知道财富的风险来自哪里。

财富守恒定律告诉我们，财富是由收入、支出、资产和负债四个要素构成，那么财富的风险就来自于收入的风险、支出的风险、资产的风险和负债的风险，如图 1 所示。而这些风险并不是孤立存在的，而是相互联结、动态变化的。也就是说一个项目的变化，往往会牵动其他项目同时发生变化，产生连锁效应，一起影响或者决定财富的最终结果。这个过程可以用财富守恒定律非常直观、形象地进行分析和演绎，这也是本丛书的一大特色。具体如何分析演绎，并用精简的逻辑呈现，后面各篇章会有具体详述。

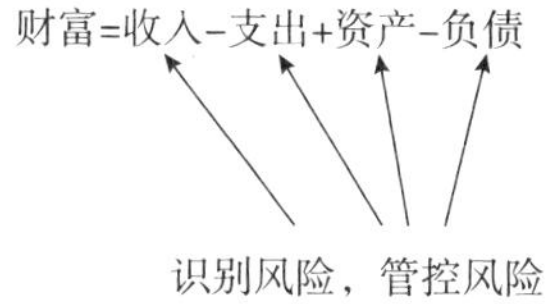

图 1　财富的四个构成要素

聚焦家庭财富三大风险的管理

根据财富守恒定律，收入和支出构成了家庭的“流量财富”，资产和负债构成了家庭的“存量财富”。为便于分析，我们分“流量财富（收入和支出）”和“存量财富（资产和负债）”两大板块来讨论家庭财富风险与管理策略。

流量财富——收入和支出的风险。主要有两种：一是收入损失的风险，二是收支失衡的风险。具体到家庭财富管理实践，需要重点关注健康和养老两大风险的管理。这将是《富贵“险”中求》系列丛书上篇《家庭财富风险管理之健康篇》和中篇《家庭财富风险管理之养老篇》的主要内容。

存量财富（资产—负债）的风险分两大方面：一是资产安全的风险（如何守富），二是资产传承（如何传富）的风险，具体到家庭财富管理实践，我们会将它们结合起来讨论，涵盖投资风险、税务风险、婚姻风险、债务风险、传承风险等方面，统称为家庭资产保全与传承。针对这个范畴风险的认知和管理策略，将是《富贵“险”中求》系列丛书下篇《家庭财富风险管理之资产保全与传承》的主要内容。

本丛书内容的逻辑架构

为了便于读者阅读和学习，《富贵“险”中求之家庭财富风险管理》系列丛书的内容分配架构如图 2 所示。

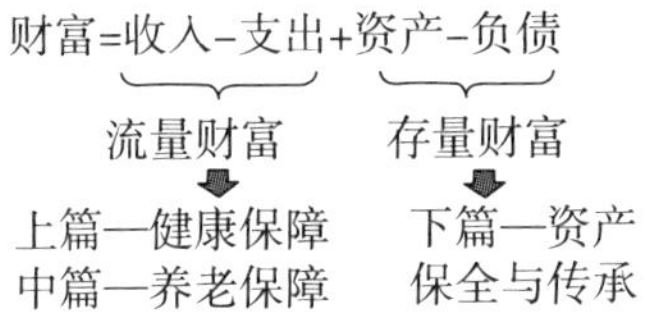

图 2　丛书内容分配架构

本丛书分为上、中、下三篇，理论基础为第一部分富贵“险”中求，本书为《富贵“险”中求》系列丛书中篇。

目录

第一部分　富贵“险”中求

第二部分 养老规划 —— 预见

第三部分　养老规划 —— 准备

第一部分

富贵“险”中求

第一章

幸福人生与财富风险管理

第一节　富人增多，忧虑不少

1978 年改革开放至今已经有 40 多年，我国经济发展迅速，带动民间财富大幅增长、富有群体不断壮大，随之，家庭财富管理上升到新的高度——如何全方位管理并保护好家庭财富，尤其是做好资产的保护与传承，成为时代的主题。

中产群体迅速壮大，担心“不进则退”

2018 年 11 月 23 日，胡润研究院携手投资和资产管理公司金原投资集团联合发布《2018 中国新中产圈层白皮书》（*China New Middle Class Report* 2018）。报告显示，截至 2018 年 8 月，中国大陆中产家庭数量已达 3320 万户，其中新中产家庭数量达 1000 万户以上。这些新中产家庭在常住地至少拥有 1 套房产，有私家车；新中产家庭净资产达 300 万元以上；接受过高等教育；企业白领、金领或是专业性自由职业者；“80 后”是新中产的主力军，其次是“70 后”和“90 后”。

源于对中产身份的焦虑，他们担心从中产阶层跌落，因此渴望通过不断积累财富稳固既有的生活阶层或进入更高的阶层。他们平均拥有 108 万元的可投资金融资产，“如何理财”是他们生活的关注重点。新中产人群投资理财主要以“资产稳健增长”为目的（74%），其次是“资产保值”（23%）。

富裕家庭资产庞大，忧虑“守富传富”

2019年10月10日《2019年胡润百富榜》发布，这是胡润研究院自1999年以来连续第21次发布“胡润百富榜”。大中华区拥有600万元资产的“富裕家庭”数量十年增长9倍，他们所持有的财富总量高达128万亿元，是国内生产总值（GDP）的1.3倍。其中，亿元人民币资产“超高净值家庭”总财富为77万亿元，占比达60%，3000万美元资产“国际超高净值家庭”总财富为72万亿元，占比56%。伴随着创富一代逐渐步入退休年龄，中国未来10年将有17万亿元财富传给下一代，未来20年将有39万亿元财富传给下一代，未来30年将有60万亿元财富传给下一代。

创业难，守业更难。财富一旦被创造，就面临着各种各样的风险和挑战。放眼长远，财富能否持续保持、传承能否如人所愿，成为中国高净值家庭关注的焦点。值得注意的是，高净值家庭主要由企业家构成，受累于经济减速和产业结构调整，截至2018年12月31日，大中华区千万元资产“高净值家庭”比上年减少1.5%至198万户，5年来首次减少；亿元资产“超高净值家庭”比上年减少4.5%至12.7万户。

来自经济环境的挑战只不过是诸多风险中的一种，除此之外，还会有来自家族成员健康、家族内部关系、企业经营、政策环境、法律合规等一系列风险，任何一种风险的发生都足以让财富丧失殆尽，使幸福蒙上阴影。

简单地说，有钱和幸福，只要有风险存在，二者不能直接画等号。

第二节　幸福人生——独立、自由、无憾

风险是幸福的天敌，风险的存在使人生充满变数，起伏不定。

当人在功成名就、志得意满时往往会觉得大多数风险都不适用于他们，也有些人认为当风险发生的时候，能够及时做出反应，然后采取措施，所以不需要提前规划。但残酷的现实是，一旦遇到风险，有的资产大幅缩水，有的血本无归，有的倾家荡产，近年来这样的故事不胜枚举。

“独立、自由、无憾”方为幸福人生。

独立、自由、无憾的内涵

什么是独立呢？独立，从财富管理的角度来看，就是要能做到“收能抵支，资能抵债，无惧风险”。

什么是自由呢？对于自由而言就是要做到“人身自由，财务自由，精神自由”。自由是有限度的，就是孔子所讲的“从心所欲不逾矩”。企业家自身如果因为触犯刑事犯罪，人身自由没有了，那么最终这个家庭也就失去了自由。

什么是无憾呢？无憾，就是要做到“恩泽子孙，延续梦想，回馈社会”。

任何一个家庭，如果要追求幸福，它的首要工作就是要确保能够实现“独立、自由和无憾”。“独立、自由和无憾”是幸福评价标准，这样的人生何其珍贵！

财富风险管理师的工作主旨

所以对于任何一个认证财富风险管理师[1]而言，其工作主旨必须是“通过财富规划，帮助客户追求独立、自由、无憾的幸福人生”。

① CFRA 认证财富风险管理师，www.htcfra.com。

第二章

财富有风险，富贵“险”中求

第一节　幸福与否，取决于状态

什么决定着我们是否幸福？其实，幸福与否，关键在于状态。我们可以用图 2-1 来描述。

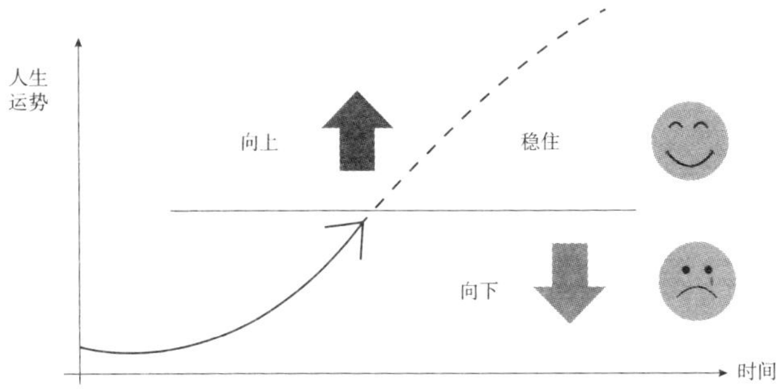

图 2-1　幸福人生

资料来源：《CFRA财富风险管理师认证培训》教材。

用横轴度量人的一辈子，也就是时间轴，用纵轴来度量我们的人生运势，或者叫状态。

人生向上，就是幸福

如果随着时间的推移，我们的人生状态是不断向上的，就是幸福的。比如说，我们的企业做得越来越好；我们的子女越来越孝顺；我们的人脉关系越来越好；支持我们的人越来越多；收入越来越高，财富也越来越多。这些都处在向上的状态，我们就会感到很幸福。

能够稳住，也是幸福

如果做不到向上，那么稳住也是一种幸福。比如说，如果收入不能越来越多，那就稳住收入；如果健康状况不能越来越好，那就稳住这种健康状况，稳得住就是幸福。就像中年人，稳住体重不上升，稳住腰围不增加。稳住就是最大的幸福。

人生向下，幸福不再

如果稳不住，状态往下走，比如降职降薪、经营失败、收入减少、资产缩水、财富丧失、失去健康……幸福感顿时就消失了。所以幸不幸福看的是状态，幸福是一种向上或者稳住的状态。

人生要幸福，财富是基础

我们人生的幸福很大程度上是由财富基础支撑起来的，财富就是实现我们幸福人生目标的工具。比如说，我们想让子女能够接受良好的教育，我们就必须付得起高昂的学费；我们希望拥有一个安享的晚年，我们就需要有能力支付得起高昂的养老费用；我们要支撑一家老小的品质生活，比如有房有车，我们就必须稳住我们的收入。

《孙子兵法》开篇有一句话："兵者，国之大事，死生之地，不可不察也。"说的是军事之重要，事关国家的生死存亡；同样地，财富对于家庭的重要性，可以这么说："财者，家之大事，死生之地，不可不察也。”

第二节　无处不在的“熵定律”

既然财富是幸福的基础，请您思考一个简单的问题，财富“向上”更容易，还是“向下”更容易？说得更具体一点，财富“得”“失”“成”“败”哪个更容易？相信大家已知道答案。

为什么失去与失败更容易？因为万事万物必然会遵循一条定律即“熵定律”，它统治着宇宙，决定着万物最终的命运，是整个宇宙最大的定律，所以爱因斯坦称其为科学定律之最！

何为“熵定律”

如何去理解“熵定律”呢？我们不妨用生活中一个常见现象——杯子摔碎的过程来解释。要得到一个杯子是非常难的，不知道要经过多少人的努力才能设计出来，不知道杯子要经过多少道工序才能够生产出来，不知道杯子经过多少道流程才能检测合格出厂，也不知道杯子要经过多少次的物流才能送到我们手中。所以说，得到一个杯子需要很多人合作，付出多倍的努力，是非常不容易的。但是，要想摔碎一个杯子，只需要一次不小心，毁灭就会自动完成，杯子瞬间会碎成千片万片，且想要修复或恢复完好几乎是不可能的。杯子经历的这个过程，完美地展示了这个可怕的定律——“毁掉容易成就难，一旦毁掉难复原”，这就是“熵定律”。

不仅杯子是这样，万事万物都遵循着同样的规律。例如，2019 年发生了一件令世人悲痛的事情，“巴黎圣母院”被一把火毁掉了,"巴黎圣母院"巧夺天工,是人类的杰作,是无比珍贵的财富。它不仅属于巴黎人民,也属于世界人民。"巴黎圣母院"是无数能工巧匠花费了 150 多年时间才建成的,但是毁掉它只需一把火,恢复重建有多难先不说,即使重建了也不再是历史上那个巴黎圣母院了。

"熵定律"主导的毁灭,每天都在发生。

风险魔咒——"100–1=0"

财富也不例外,这就是为什么财富下(失去)比上(创造)更容易。

从"熵定律"出发,财富和风险的关系最直观地表述为"100–1=0"。"100"代表的是财富,"1"代表的是风险。也就是说,一次风险发生,就可以让所有财富归零,我们称之为"风险魔咒"。

风险魔咒告诉我们,要想保住财富这个"100",必须把风险这个"1"识别出来并管理好,因为一旦"1"发生,"100"马上就没有了,这是本丛书的核心观点。

第三节　富贵"险"中求的具体概念

一句话道尽财富管理:富贵"险"中求!富贵"险"中求的具体概念,如图 2–2 所示。

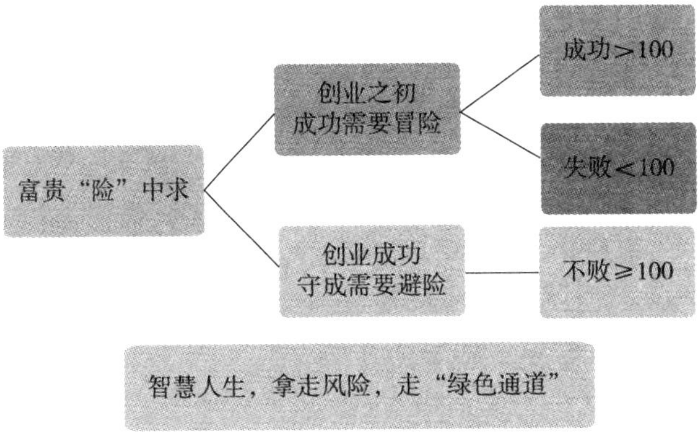

图 2-2　富贵“险”中求的具体概念

创业之初，成功需要冒险

创业之初，事业起步阶段，我们通常需要冒一定的风险才会有成功的可能。假设我们的原始财富是 100 元，我们冒险拿它去投资，如果成功了，我们就会得到更多的财富，结果就会大于 100 元；如果失败了，我们的财富就会缩水，结果就会小于 100 元，甚至血本无归。这个“险”就是传统意义上“冒险”的概念，如果不冒一定的风险，就不会成功。

在财富管理中，我们做的很多的投资也是这个概念，投资要想获得好的收益，往往也是需要冒险的，冒险成功了，就赚钱；但是如果冒险失败，就会赔钱。

然而，很多高端家庭成也“冒险”，败也“冒险”。从事业初创期到事业成长和收获期一直在冒险，对如何避险缺乏周详的考虑和准备，结果一不小心，就有可能会回到原点。

创业成功，守成需要避险

“熵定律”告诉我们，失败比成功容易千倍。对于已经有了一定财富积累的中高端家庭而言，一旦冒险失败，就很难复原。很显然，对他们来说通过有效的“避险”守护财富要比通过“冒险”创造更多财富来得更为重要。只要能有效地规避风险，尽管财富增长速度较慢，但能够守住并保证不败就是成功。

对一个理性的人来讲，用100元去投资赚到20元所带来的满足感，和失去20元所带来的痛苦感相比，痛苦感要远远大于满足感。这就是为什么很多高净值家庭把安全放在第一位，宁愿选择避险，也不愿意再去冒险。①

风险是幸福最大的敌人。所以智慧人生的一个很重要的表现，就是要学会风险管理，预先“看到”风险，进而有效管理风险，才能保证财富立于不败之地。那么“风险”这个敌人有什么特点呢？

① 招商银行与贝恩公司《2019中国私人财富报告》2009~2019年中国高净值人群财富目标对比。

第三章

风险管理与财富守恒定律

只有深入认识风险的特性，才能更好地了解什么是风险管理，以及如何做好风险管理。

第一节　风险的五大特征

风险的必然性

必然性包括两点。第一，风险的存在是必然的，它不以人的主观意志为转移。你可以思考一下，地球上每天发生多少风险？人一生又会遇到多少风险？第二，风险一旦发生，造成损失是必然的。

风险的随机性

什么时间、以什么方式、发生在谁身上，完全是不确定的。风险具有随机性，随机性很容易让人产生侥幸心理，以为自己没那么倒霉，所以平时不管不顾，但有时候风险可能偏偏就发生在他们身上。

风险的无形性

风险无形，人的感官很难感知到它的存在。这才是风险最危险的特点，它在暗处我们在明处，它要偷袭我们，我们却感觉不到，也就无从防范。一旦发生就会手足无措，甚至造成严重伤害。

风险的连环性

风险不是孤立存在的，一个风险发生，往往会引发一连串风险，就如同多米诺骨牌引发的连锁效应，最终给人造成巨大的伤害和损失。古人用一个成语来形容，叫作“祸不单行”，所以抵御风险的关键在于能否把它扼杀在萌芽状态，止住向下一步蔓延的脚步。

风险的不可逆性

风险一旦发生，就会造成伤害、带来损失，要想恢复到完好如初的状态是很难的，甚至是不可能的。

对于风险的五大特性，我们可以通过病毒的暴发进行深入的了解。病毒在大自然中一直是存在的（必然性），只是它什么时间、发生在何处完全是不确定的。人的感官无法感觉到病毒的存在（无形性），开始时很难对它做有效的防范，所以最初有部分医务人员感染，并且在人群中快速扩散，慢慢地随着病例开始大量增加，人们感觉到了它的危险性，于是马上启动了防御机制，但随着病毒的迅速蔓延，这时候防御工作开始全面、全方位升级，从这一刻开始，已经从一个健康风险，迅速形成了对整个社会、生活和经济的全方位冲击。在病毒蔓延的过程中，有多少人失去生命，多少人落下残疾，多少企业关门倒闭，多少人失去工作，多少家庭财富缩水，等等。这些伤害和损失，有些根本无法挽回，有些要经过长时间才能恢复（不可逆性）。

风险引发事故，酿成一出又一出的悲剧。我们有理由憎恨风险，但是却不该把酿成悲剧的责任全部归罪于风险。俗话说“一只巴掌拍不响”，因为所有事故的发生，风险只是外因；外因如果没有内因的配合，就不会发生事故，也就不会有悲剧的出现，那什么是内因？内因就是面对风险时，人自身存在的三大致命弱点。

第二节　风险面前人的三大致命弱点

长于趋利，而短于避害

现实中存在的利与害、吉与凶、得与失、成与败等这些相对的力量，共同决定了我们人生事业的最终走向。

为什么人往往“长于趋利、短于避害”呢？首先，我们从小到大的学习，90% 的内容都是关于将来如何考个好成绩、找个好工作；长大以后，90% 的时间都花费在学习如何努力赚钱、追求成功等这些对自己有利的事情上，相比较之下，在如何防止失败、应对风险方面所花费的时间、所经历的练习、所做的思考却少之又少，这种成长方式和人生阅历，决定了我们绝大多数人在应对风险方面都是“业余选手”，因而绝大多数人不管是在能力上还是思维方式上都更“长于趋利”，而“短于避害”。

结合正反两方面案例，我们分别来看一下。

案例一

投资失败，众明星如何折戟

歌手张 ×× 近年来的疯狂巡演拥有很多“粉丝”，但是随着年龄的增长，这种工作模式确实在透支身体，张 ×× 如此拼命的原因就在于他投资的公司破产，其多年的储蓄赔光。

演员刘 × 在娱乐圈的人缘很好，这几年事业发展得很好，赚钱能力很强。刘 × 很拼命的一个很重要的原因，据说是投资某平台亏了 6000 多万元。

案例二

持久成功，基于不败

李 ×× 在 90 岁退休的时候，他总结自己的一生时提到自己做生意 60 多年，却没有一年亏过钱。相信很多人都做过生意，做生意一年两年不亏钱很容易，八年十年不亏钱也不太难，二三十年不亏钱那就比较难了，四五十年不亏钱难得一见，一个甲子不亏钱，估计这个世界上也找不到几个。

李 ×× 为什么能够做到这一点呢？李 ×× 用他自己的话来讲，他用 90% 的时间考虑失败。用 90% 的时间考虑失败，也就意味着把所有可能导致失败的状况都考虑到了，做好了布局，所以他就没有机会遇到失败，这才是李 ××60 年从不亏钱、持久成功的关键。相比之下，很多人做投资的时候是不是宁可花 90% 的时间去谋划如何成功，却很少在行动之前花大量时间去考虑什么会导致失败以及该如何防范。把时间花在哪里，决定了结果的不同。

永远不要忘记，"100–1=0"的风险魔咒，失败比成功来得更快速、容易。李 ×× 的成功哲学启示我们，要想持久成功，必须补齐如何控制风险、防止失败这块"短板"。在趋吉（利）的同时，一定先做好避凶（害）的布局，这恰恰是多数人忽略的，所以才会说，人们更"长于趋利"，而"短于避害"。

行为由感知主导 VS. 风险无形

前文提到风险是无形的，而人的行为主要受感知驱使。因为风险无形，所以我们的感官难以感知，叫作无感；因为无感，所以我们就不会采取行动，对它进行防备，叫作无备；因为无备，所以风险一来，只能任凭它肆虐，最终我们只剩下无奈。理解这一点，我们才会懂得，应对风险不能靠感觉，而要靠理性的智慧，才能“预先看到”平常人看不到的风险，从而提前做好防范。

应对风险的无形，古人的智慧

司马相如在《谏畋猎疏》曾言“明者远见于未萌，智者避祸于无形；祸因多藏于隐微，而发之于人所忽。”他所讲的核心观点就是发现风险却难以管理风险。风险管理的第一步就是风险识别，只有发现风险才能管理好风险，只有管理好风险，才有幸福人生。

华为——预见风险，逃过一劫

华为拥有一批时刻警惕的领导团队。华为的 Logo 最初是 15 个花瓣，代表了 15 位创始人，后来创始人陆续出走，只剩下了 8 位，2006 年，华为的 Logo 改成 8 个花瓣，如图 3–1 所示。[①]

1987~2006　　2006~2018　　2018年3月至今

图 3–1　华为 Logo 的变化

在 1998 年，任正非就向华为的管理团队发出“华为的红旗还

① 华为“菊花”Logo的由来，详见https：//baijiahao.baidu.com/s？id=1621709216189360478。

能打多久”的质问，正是在这样强烈的风险意识下，居安思危，通过自我质询预见风险，才有了后来的“备胎计划”，能够从容应对来自外界的竞争，真正做到了有备无患。

关键结构的单一性 VS. 单一即脆弱

我们常说“物以稀为贵”，也就是说东西越稀缺，价格就越贵，孤品最贵（因为只有一个），这是从经济学角度来看的。但是，从风险管理的角度来看，有些我们赖以生存的至关重要的东西，也只有一个，这非但不是好事，反而是巨大的威胁。例如，我们只有一颗心脏；收入只有一种来源；我们只会一种工作；大部分财富放在一个地方；等等。单一的结构一旦被摧毁，就无法复原，“一旦中招，在劫难逃”，结果往往都是致命的。

这样的“单一结构”在现实中非常普遍，比如家庭主要靠一个人赚钱、收入来源于唯一的工作、财富集中于唯一的企业、家庭只有唯一的房子、人的健康和生命也只有一次，等等。家庭投资中，资产过于单一的情况也非常常见，比如很多人投资只买房子、只买理财、只做股票，等等。

单一即脆弱。没有风险发生的时候，这些结构也能够很好地承载一个家庭的幸福，一旦单一结构受到冲击，因为单一而没有备份，一旦失去就无法复制，一旦毁灭则难以复原，就会给家庭带来致命打击。

最脆弱的单一结构：一切依赖生命，而生命只有一次。

2016 年某知名企业 CEO 张 × 心梗离世。其意外去世，引发了一片震惊和叹息。当时，其妻子的悼文，更是令人心酸。“我嫁给你的时候，你无车，无房，无存款。现在你离开了，你还是没给我买过车，买过房，你也没有保险，没有理财，我们甚至没有时间和精力养育一个孩子，你去追梦不要停，我在人间照顾爹娘。”“我曾对未来有过许多悲观的假设，如果公司破产了我怎么办；如果中层管理团队被全部挖了墙脚怎么办……我给每一种不幸都准备了预案，可是我从来不曾想过这种意外。就像你曾经对我说过‘人生比小说精彩’！”

相信很多人看完都很感动，故事的女主人公并不缺乏风险意识，因为她做过许多悲观的假设，但她忽略了人本身也有风险。一切都依赖生命，而生命只有一次。这个最重要的单一结构被摧毁了，一切随之都失去了。

第三节　财富风险管理与财富守恒定律

不要计算风险发生的概率，而要计算风险发生的后果

很多人都坐过飞机，也知道飞机是这个世界上最安全的交通工具之一，虽然飞机失事的概率很低，但是航空公司的风险防范却是极其严格的。到机场之后，在登上飞机之前，要经过多道安检防范程序。登上飞机后，空姐还会反复提醒乘客，“氧气面罩在上边，救生衣在下面”。尽管飞机失事的概率极低，但是飞机一旦失事，后果不堪设想，所以要向航空公司学习，不计算风险发生的概率，而计算风险发生的后果。

对于关键的单一结构，要力求备份

生命对于每一个人都只有一次，它的单一性比财富的单一性要更高，所以对于生命的备份，就变得极为重要。每个人都要为自己的生命做备份，生命如何备份，在本系列丛书第二部《富贵“险”

中求——家庭健康风险与管理策略》中会有详细论述。

居安思危：预则立，不预则废

防御风险的智慧，中国古代有两句话体现得淋漓尽致：

“凡事预则立，不预则废。”——《礼记·中庸》
“居安思危，思则有备，有备无患。”——《左传》

对于风险，虽然感受不到它的存在，但知道它是必然存在的，所以在你幸福平安的时候，就要常做万一遭遇危机和不幸的思考，“预见”风险如何发生以及可能造成的影响，进而做好充分防御的准备，这样，等它真的来的时候，就能够从容应对，即使有失也可挽回，保持家庭财富和幸福的稳定，而不至于崩溃。

财富守恒定律

财富是由收入、支出、资产、负债四个项目共同构成的，是既相互联系，又彼此制约的统一的整体。

不管是小康之家还是大富之家，甚至是首富之家，任何一个家庭的财富都是由收入、支出、资产和负债四个部分共同构成的（见图 3–2）。

那么财富和四个项目之间是什么关系呢？在这里，我们要引入一个重要的概念：“财富守恒定律”，它是贯穿《富贵“险”中求》系列丛书的核心理念。财富和四个项目之间的关系，我们可以用一个简单的公式来呈现，即财富 = 收入 – 支出 + 资产 – 负债。

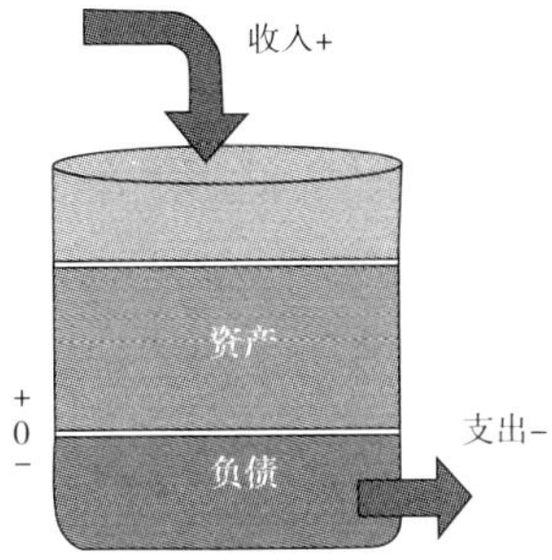

图 3-2　财富构成

收入、支出、资产、负债与财富的内在关系，在《大学》中有提到："生财有大道，生之者众，食之者寡，为之者疾，用之者舒，则财恒足矣。"如何理解呢？财，即财富；恒，即守恒。合在一起，即为"财富守恒"。要做到财富守恒，就要做到"生之者众，食之者寡，为之者疾，用之者舒"。所谓"生之者众"是指赚钱要多；"食之者寡"是指花钱要少，要有所节制；"为之者疾"是指赚钱要快；"用之者舒"是指花钱要慢。这几点都做到了，就能做到财富守恒，家庭财富就可持续。

引申一下，一个家庭如果"赚得多，花的少"，那么资产就会增加；如果"赚得少，花的多"，负债就会增加。以上，就是财富守恒定律的基本内涵。

第四章

收支平衡乃财富之本

如图 4-1 所示，针对“流量财富”而言，它们蕴含哪些风险？这些风险会带来哪些后果？该选择什么样的策略进行管理？

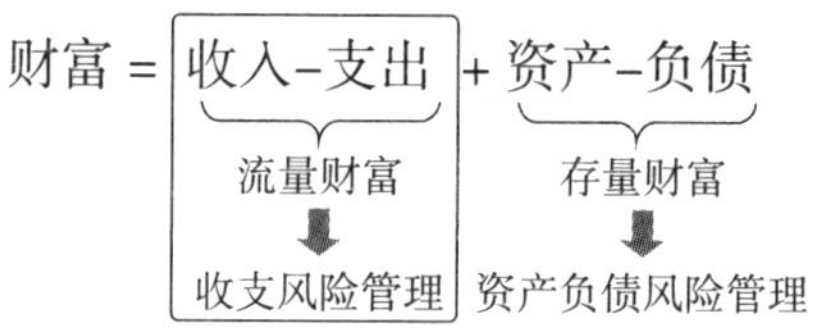

图 4-1　流量财富

第一节　一生的挑战：保持收支平衡

有句话说得好，“钱不是万能的，但是没钱是万万不能的”。没有一定的财务基础，就别谈什么幸福人生。我们说：“人生要幸福，财富是基础”。

那么，保持财富基础最根本的、最核心的是什么呢？就是保持一生的收支平衡。说得更直白一点，就是无论在任何时候，钱都要够花。这一点，说到容易做到难；或者说一时做到很容易，一世做到那可不容易。不信你想：一辈子到最后，“人还在，钱没了”和“钱还在，人没了”相比，哪种人会更多？

为什么会这样呢？如果我们把一生的收入和支出作个对照，你会发现它们如同性格脾气、长处短处、人生轨迹截然不同的两个人，二者存在巨大的反差。请看图 4-2。

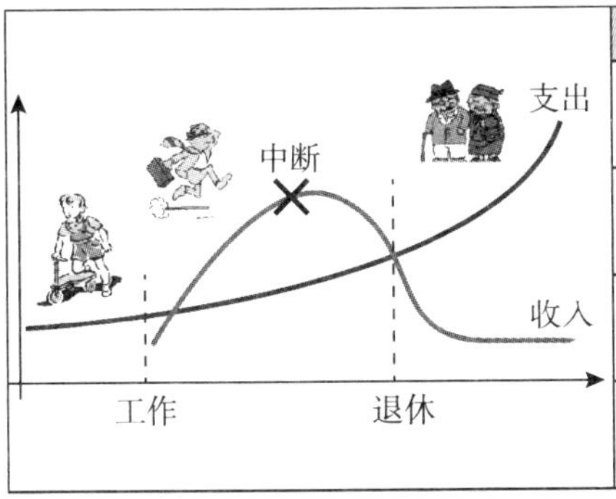

支出		收入
持续终身	贯穿一生 天天不断	两头不赚 中间怕断
刚性递增	不断上涨 易升难降	难保总升 老了大降
意外支出	马上急需 花费猛增	原地不动 巨降归零
随意支出	花钱全天候 一冲动翻倍	辛苦八小时 钱到手有数

图 4-2 收入与支出对照

从全生命周期的角度来看，人的一生，收入和支出相比到底有多大不同呢？我们一一来看：

（1）支出是持续终身的。人从刚一出生，到生命的最后，每天都花钱，活多久，钱就花多久，一天都不能断。收入呢？没有人一出生就能赚钱；即使能赚钱了，也无法保证活着就赚钱且直到终身、永不中断。

（2）支出是刚性递增的。一生中的支出会不断上涨，并且涨上去容易，降下来很难。为什么？因为我们追求生活品质的不断提升，且物价也会不断上涨。收入呢？谁能保证自己一生收入只升不降，特别是退休以后。

（3）人生难免会有意外性支出，却难有意外性收入。人生无常，万一有个三长两短，就要花一大笔钱，而且往往一来就是急的，不管你是否准备好。收入呢？人们会有多少机会一不小心赚一大笔钱？通常，意外支出来的时候，收入停在原地不动都算好的，大打折扣、甚至完全丧失的大有人在。

（4）支出可以随意，收入很难随意。人要花钱，只需要一个念头、一次冲动、动动手指就完成了。收入呢？一个念头、一冲动，动动手指钱就来了？那是神仙过的日子，轮不到咱凡人。并且，现在有了网上购物、手机支付，花钱可以全天候，没钱还可以随便借，支出要想翻倍太容易了，可收入要想翻倍有多难。

以上四点分析的结论是什么？人的一生中“支出太强势，收入太弱势”。如果我们把收入和支出比作两个人，让他们来一场 PK，不做任何干预的话，支出必然完胜收入。这时，倒在地上的不只是收入，还有我们一家老小的幸福。

第二节　收支平衡的原则：收入为本，双向并举

收支平衡，收入为本

若想收支平衡，那么收入风险的管理，是重中之重。这不仅因为收入“太弱势”，更是因为现实中绝大多数家庭并非高净值（俗称“富豪”）家庭。对他们而言，收入是幸福的命脉 —— 生活品质、偿还债务、财富积累都高度依赖一份稳定的收入 —— 一旦失去收入，很快就会耗尽储蓄，失去偿还债务（比如房贷）的能力，进而资产（如房子、车子）也很难保得住，最终生活品质必然出现断崖式下降，这是很多家庭都无法承受的。而有了稳定的收入，才能平衡支出，担起债务，保住资产，幸福生活得以持续。

这就是为什么我们强调，家庭收支平衡风险的管理要以“收入为本”。

兼顾收支，双向并举

在以收入为本的基础上，还要合理地管理支出。兼顾收支，双

向并举，在此基础上实现持久的收支平衡。

对于收入：

①要设法保住，保障收入的可持续性；

②要设法扩充，力争实现收入多元化；

③要进行备份，万一中断能马上补位，快速恢复收支平衡。

对于支出：

①要准确预见，以便充分的准备；

②要合理控制，防止它过度膨胀；

③要居安思危，万一出现意外性的大额支出，要有办法对冲。

第三节　收入来源不同，管理各有侧重

按照获取的方式不同，收入可以分为以下两种。

第一，“工作性收入”。大多数家庭收入以它为主，也就是我们通常说的普通家庭，主要靠人赚钱。对于这类家庭，要把最常见的两类风险作为管理的重点，一是健康风险（含身故），由疾病、意外事件这类偶然风险引发的收入丧失、支出猛增的收支失衡，这是富贵“险”中求系列丛书上篇《家庭财富风险管理之健康篇》重点讨论的内容；二是养老风险，由于年老收入丧失、或退休后收入下降的必然风险引发的收支失衡，这是本书重点讨论的内容。

第二，“资产性收入”。少部分家庭收入以它为主，这就是通常所说的高净值家庭，他们主要依靠钱生钱。这部分家庭要把资产的保护与传承作为财富管理的重点，资产保住了、传好了，收支平衡自然也就不成问题。这些家庭如何做好风险管理，放在本系列丛书下篇《家庭财富风险管理之资产保全与传承》中讨论。

第二部分

养老规划——预见

第五章

幸福养老，预则立

第一节　生命周期与收支平衡

一、变老和钱少，将同步来到

俗话说：“人生要幸福，财富是基础。”所谓的财富基础，最关键的是保持一生的收支平衡。也就是在任何情况下，钱都要够花。但是，钱要够花，一段时间容易，一辈子都这样可真不容易。为什么？因为会有很多的风险打破原有的收支平衡。

人到老年，就很容易遇到这种风险（见图 5-1）。一退休往往工资大打折扣，而又没有其他准备，身体健康每况愈下，健康支出等生活以外要花的钱可能会越来越多，我们该怎么办？所以有人说，人的一生中疾病和意外不一定会有，但老是一定的。缺乏准备的老，注定是一种风险。

财富 = 收入-支出 + 资产-负债

收支失衡之养老风险

图 5-1　收支失衡之养老风险

二、晚年的挑战：收支剪刀差

为什么说不做准备，养老注定会有风险？我们从生命周期的维度，看一下退休前后的收支变化（见图 5-2）。

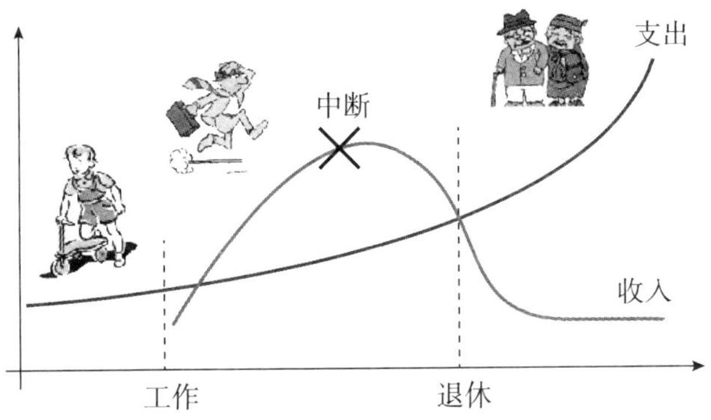

图 5-2　退休前后收支变化

人到老年，体力下降，就需要退休。多数人（90% 的老人）退休后只靠一份退休工资维持收入，拿多少钱自己说了不算，收入就不会像年轻时一样保持上涨，甚至会显著下降。但是，人们都想保持原来的生活品质，那么支出就是刚性增长的，这样的话，就会出现收支剪刀差，越往后这个缺口越大。年轻时如果没有准备，晚年收不抵支就无法改变，哪还有幸福养老可言？

第二节　理想的养老生活

我们想象一下，退休后的生活是否应该是这个样子：

· 卸下责任，大把时间

我们告别了工作，再也不需要每天去上班了，开始有大把的属于自己的时间。孩子们也成年了，有了各自的家庭和工作，经济上不需要再依赖我们，我们终于卸下了责任。

· 身体健康，经济独立

刚退休时，人相对年轻，这时身体还很健康，又拿到了退休金，终于可以过上“有钱又有闲”的生活了。

· 开启梦想，为自己活

过去是忙工作、忙事业、忙家庭，都是在为别人活；退休了，我们终于可以去做自己最想做的事情，去完成过去一直想、但苦于没有时间去圆的梦想。例如，开启一场说走就走的旅行；充分发挥爱好和特长，让生活充满新鲜和活力。总而言之，我们要好好地为自己活一把。

· 天伦之乐，含饴弄孙

慢慢地孙辈出生了，可以再次体验和享受孩子慢慢长大的过程，享受天伦之乐。

· 多姿多彩，尽享天年

有人把退休生活比作“人生第二春”，辛苦了大半辈子，我们应该去过多姿多彩的退休生活，此时不享受更待何时。

总而言之，等我们退休了，一定要活得长、活得好、活得有尊严！

第三节　理想很丰满，现实很骨感

但是，想归想，真要实现是否容易呢？要回答这个问题，我们先看一下经济条件比我们优越、收入水平高于我们的那些发达国家，现在这些国家的老人退休以后都过着怎样的生活？是不是像很多人想象的那样过着衣食无忧、尽享天伦的生活呢？

养老危机席卷发达经济体，预示着什么？

我们来看一系列来自海外的报道。

美国养老困境

美国，是当今世界头号经济王国，他们的居民养老应该不会有什么问题吧？实际不但有问题，问题大着呢！媒体的报道——《美国老人陷入财务困境，太穷，没法退休；时候不到，没法死》。

德国养老困境

德国是欧洲经济的龙头老大，他们国家的养老怎么样？且看《人民日报》报道的文章标题：《德国养老成了“老大难”，资金大盘捉襟见肘，百万老人退而不休》。“现在的工人很可能干了一辈子，退休金都不够生活开支。有调查显示，近一半即将退休的德国人希望退休后能够继续工作。”

日本养老困境

日本是亚洲首屈一指的发达国家、世界第三大经济体，其养老问题也出现大麻烦。“随着近年来预算的削减，生活保护等各种社会保障制度要求个人负担的比例越来越高，看不见未来的日本将使得每一个人都面临陷入窘境的风险。”[①]

韩国养老困境

韩国，亚洲四小龙，2005年跻身发达国家，全球经济排名第

① “老年贫困”已成日本社会难题[N]. 参考消息，2015-09-16.

七，也面临养老危机。“贫穷影响到韩国近半数的老年人——这代人曾是国家在战后向发达经济体转型的生力军。政府提供的每月大约20万韩元的养老金连吃饭、住宿都不够，为了维持生计，许多人不得不从事卑微或有辱人格的工作。”[①②]

英国养老困境

英国，曾经是仅次于美国的经济强国，他们国家的养老如何呢？根据英国《每日邮报》报道，一项报告披露，大多数人表示他们在达到领取养老金年龄后，平均需要继续工作六年才能攒够足够钱养老。[③]

看到这些信息，您是否会感到不解、诧异，甚至震惊？

大家想一想，以上这些国家都属于发达国家，或者叫高收入国家，比我们富有得多；这些国家原本的福利要比我们好太多，曾经让我们无比羡慕，所以很多人都想移民到这些国家；他们这一代人经历了史上空前的长期和平、经济和收入高速增长的时代，可谓得天独厚，可是，为什么占有这么多的有利因素，这代人到老了竟然出现大面积贫困、无法退休的窘境？这到底是什么原因导致的？这对我们又有何启示？我们这代人将来会不会也遭遇同样的情况呢？为了说明这个问题，我先来打一个比方——养老就好比穿越超级沙漠之旅。

---

① 韩国老年人面临贫困危机［N］. 环球时报，2017-11-27.

② 20万韩元折合人民币约1160元。

③ 英国人即使能领养老金也得继续工作［N］. 青岛财经日报，2016-12-26.

第四节　养老，如同穿越超级沙漠之旅

未来的养老，就好比一场没有回头路的穿越超级沙漠的旅行。如果我们在出发之前错误地估计了沙漠的大小和行走的速度，没有做好充足的准备（比如粮食和水），而一路上是没有机会再做补给的，那么，最终的结果会怎样？

我想通过这个比喻来说明，对现代人来说，养老是未来必然存在的风险（这就是为什么这个世界会存在养老保险——因为养老有风险，所以才会有养老保险）。

养老风险是一种怎样的风险？

它是一种缓慢渐进的风险：平时感觉不到，一直慢慢积累，等你感觉到有问题，想准备已经来不及了。

它是一种跨度很久的风险：贯穿整个后半生，有可能长达几十年（想象一下几十年钱不够用是什么滋味）。

它是一种无法体验的风险：发生在遥远的未来，到底什么样，现在的你感受不到，因为它是无形的。我们之前就讲过，风险可怕之处就在于它的无形性，因为无形而无感，因为无感而无备，因为无备而无措，最终因为无措，结果只能让人很无奈。

应对养老风险，很容易犯的三个低级错误

（1）忽略：不知道养老是个问题，也从来没去想过。

（2）低估：知道是问题，但只是凭感觉，缺乏深入的了解和理

性的思考，大大低估它的需求。

（3）拖延：总觉得来得及，一拖再拖，最终错过最佳时机，铸成大错。

《2014 中国居民退休准备指数调研报告》显示，“70 后”“80 后”马上要到四五十岁的年龄了，多数人对养老准备不足，相信通过自己准备能够取得期望退休收入的人数不足 1/3。

所以，对于这场没有回头路的超级沙漠之旅，我们必须提前充分地预见：我们要到哪里去？一路会经历什么？然后，我们才有可能做好充分的准备。

关系养老的未来大趋势 ——

未来是一个快速变化的时代；

未来是一个“三化”空前的时代：长寿化、老龄化、少子化；

未来是一个“三冬”叠加的时代：经济的“冬天”、社保的“冬天”和人生的“冬天”。

对于这些趋势及其影响，我们将在随后的篇章中予以详述。

第六章

未来大趋势之飞速变化的时代

第一节 “日新月异”，说的就是现在和未来

“日新月异”过去写在词典里，而今天的我们正在经历。

历史上从没有哪个时代，会像现在这样变化这么快。大家回想一下，改革开放40多年来，中国家庭从一穷二白，到现在几乎家家有房有车，经济上发生了翻天覆地的变化。技术上的变化更加显著，最典型的就是手机。人们刚开始用的是大哥大，后来有了数字手机，信号是2G，还只是一个通话工具；但是没几年就变成3G，很快换了4G，2020年又进入5G时代。经济和技术的飞速发展，带动我们的生活方式飞速改变，速度之快让人头晕目眩！

尽管过去的变化已经很快，但是相对于未来的变化而言，可能会是小巫见大巫。5G时代开启了万物互联，大数据、人工智能、新能源、生命科学等新兴技术飞跃发展，由此带来的变化不仅速度更快，而且幅度更大（想要了解未来会有多大变化，推荐您阅读《未来简史》）。

任何事物都具有两面性。快速变化会创造很多机会，同时也会颠覆很多原有的模式——特别是我们现有的生活模式和工作模式。

第二节　快速变化带给养老的影响

养老的准备是一个长期的过程，需要考虑的核心问题是：①是否有持续的收入来源；②能否将支出控制在合理水平，好有足够的节余实现养老规划。

快速变化对收入的影响

快速变化会颠覆很多现有的工作模式，真正长期稳定的职业和稳定的工作在未来可能会越来越少（想象一下移动互联网的出现摧毁了多少传统生意，5G、物联网、人工智能更强大，我们有什么理由不相信它们会颠覆更多的职业），这必然会导致我们的收入不稳定，如果不尽早开始行动、早做养老积累，很可能将来用于规划的收入空间会变小，所以规划要趁早。

快速变化对支出的影响

经济增长带动收入提升，技术的革命带动产品迭代，这两种力量合在一起后，若我们想跟上时代的步伐，就需要不断掏出更多的银子（你不追赶也不行，想象一下如果回到 2G 手机时代，你还能活下去吗？再想象自从用了第一款手机，你已经换了多少部手机了？手机上出现了 N 种应用，你又在里面掏了多少银子）。而且新技术带来很多新兴好玩的东西，诱惑我们的东西太多，当我们习惯了这种生活方式，很容易就把钱花超了，但是距离退休的日子在一天天减少，如果不做一个强制性的规划，把钱节流下来，被这个时代裹挟着，怎么可能留出养老的本钱?

这大概就是今天那些发达国家的老人没钱养老的重要原因。当经济快速增长带动收入快速增长时，赚钱很容易，人就会活得很潇洒、很乐观，而技术飞速进步带动消费不断升级，产品迭代刺激了人们的消费欲望，结果人们疯狂花钱。加之很多人相信国家的福利保障足够养老用了，更不想攒钱。30年弹指一挥间，到今天才发现，世界不是永远这么美好（消费一旦养成习惯会形成刚性，经济开始下行、养老金面临枯竭）。人们到老了之后才发现自己竟然没做准备，社会养老这笔账也没算对。凡事有因果，后果谁承担?

所以，处于飞速发展的时代，我们若不提早做规划，并严格自律地执行这个规划，那么我们想要的美好的养老生活不会自动降临，它将会是黄粱一梦、空中楼阁。

第七章

未来大趋势之“三化”空前的时代

“三化”空前，是指哪“三化”？——长寿化、老龄化、少子化。

第一节 “三化”空前之长寿化

21 世纪，百岁人生不是梦

在讨论这个问题之前，不妨先想象一下，自己会活多少岁？70 岁，80 岁，90 岁，100 岁，您会选哪个？

自古以来长寿是人类的梦想。如果有条件，人们当然希望自己活得越长越好，对吗？

值得高兴的是，人类有史以来第一次整体上变长寿了，而且寿命延长在不断加速。中国曾经有句古话：“人生七十古来稀”。如今，它已经不再适用。那么当今时代，人们到底能活多少岁？

我们给您一个权威的研究结果——2017 年世界经济论坛（World Economic Forum）发表了一个关于现代人口寿命的白皮书，名字叫《我们都将活满百岁：怎样才能承担得起？》（*We will live to 100-How can we afford it？*）。

该报告称，自 20 世纪中叶以来，人类寿命一直在稳步增长。

所谓寿命稳步增长，说得更具体一点，就是大概每过 10 年延长 3 岁。也就是现在出生的人，会比早 10 年出生的人多活 3 年，以此类推。比如 1967 年出生，平均寿命为 91 岁；1977 年出生，平均寿命将是 94 岁；1987 年出生，平均寿命将是 97 岁；1997 年出生，平均寿命将是 100 岁（见图 7-1）。这是汇集了全球顶尖专家的研究结果。您相信吗？

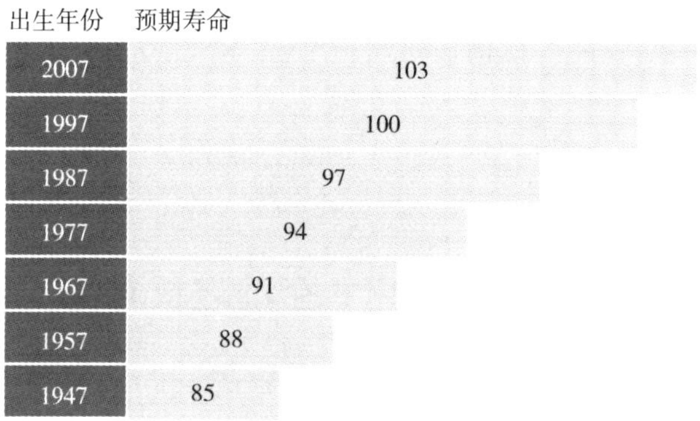

图 7-1 人类寿命预期

资料来源：www.100yearlife.com。

如果您不相信，可以看一看现在活到 100 岁的老人的身体能好到什么程度，简直令人惊讶！（过去活到 100 岁是不是行走都困难？）100 岁可以玩极限项目，可以参加体育比赛，甚至能跑完马拉松。再来看 2014 年的中国十大寿星评选，前五名都在 120 岁以上，前十名都在 115 岁以上。

您相不相信，自己一不小心也能活到 100 岁？

长寿固然好，负担会很重

活得久是多数人的向往。但问题是，人活着就要花钱，活得越久，需要的钱就越多。活得太久还有可能造成支出成倍增加，但是攒的钱没那么多，从而容易陷入“人还在，钱没了”的困境。

如果真那样，等我们老了会明白，没人能帮得了我们。所以，趁年轻，时间来得及，我们必须很审慎地做一个分析，了解出现这个问题的概率有多大。

分析这个问题，有一个重要前提——没有人希望自己的生活质量打折，谁都想让未来的生活品质越来越好。因此，与之相对应，一生的支出必然呈现以下两大特性：

· 持续终身：活多久，花多久，一天都不能停；

· 刚性递增：生活水平由支出水平来保障，当生活不断改善并形成习惯，支出就会涨上去容易降下来难；而且社会发展会带动消费不断升级，外加通货膨胀，支出必然逐年递增。

相对于支出的两大特性，收入简直弱爆了：既难以持续终身，更做不到刚性递增，没有一项是能够保证的。前面我们就谈到过，一旦退休，就面临收支剪刀差，如果退休前缺乏足够的积累，很快就会面临“人在，钱没了”的困境。

这样说还是太抽象，我们来算笔账吧：“寿命延长 + 支出的持续终身、刚性递增”，后半生我们最少得花多少钱？

不算不知道，一算吓一跳

我们以一个普通工薪家庭为例：

李女士和她的丈夫今年都是 35 岁，假设他们家日常生活基本开销为 5000 元 / 月（其他消费暂时先不算），预期寿命为 85 岁。如果一直维持这个消费水平不变，那么他们一家人的后半生总共要花多少钱？

有人说，算法很简单：5000 × 12 ×（85−35）= 300（万元）。我说对，但只对了一半。为什么？因为这是算术算法，不是经济算法，因为没有考虑通货膨胀。通货膨胀谁能避得开？例如，改革开放 40

多年，我们国家的年均通货膨胀率为 4.8%，我们就按比较温和的通货膨胀率 3% 和历史通货膨胀率 4.8% 分别计算，维持现在每月 5000 元的消费水平，未来要花多少钱，计算结果如表 7-1 所示。

表 7-1　养老支出计算（到 85 岁）

通货膨胀率（%）	到 65 岁		到 85 岁		终身总共支出（元）	其中，60 岁以后支出（元）
	月支出（元）	年支出（元）	月支出（元）	年支出（元）		
3	12140	≈15 万	21920	≈26 万	677 万	458 万
4.8	20410	≈24 万	52120	≈63 万	1178 万	899 万

即使按 3% 的通货膨胀率计算，仅仅活到 85 岁（还远没达到前面我们说的现代人的平均预期寿命），每月 5000 元的消费貌似不多，最终竟然需要 677 万元。其中大约 2/3（458 ÷ 677≈67.6%）的钱是在 60 岁以后花的。

如果按历史通货膨胀率 4.8% 计算，结果几乎要再翻一倍，为 1178 万。其中大约 3/4（899 ÷ 1178≈76.3%）竟然是 60 岁以后花掉的。

以上是按活到 85 岁算，我们前面讲过，这一代年轻人是奔着活到 100 岁去的，如果按 100 岁计算，结果如表 7-2 所示。

表 7-2　养老支出计算（到 100 岁）

通货膨胀率（%）	到 65 岁		到 100 岁		终身总共支出（元）	其中，65 岁以后支出（元）
	月支出（元）	年支出（元）	月支出（元）	年支出（元）		
3	12140	≈15 万	34150	≈41 万	1166 万	881 万
4.8	20410	≈24 万	105310	≈126 万	2508 万	2122 万

您有没有发现，仅仅多活了 15 年，无论按通货膨胀率 3% 还是 4.8% 计算，终身支出大约都要再翻一番。长寿时代，退休年龄

必然要往后延，假设将来 65 岁退休，通货膨胀率按 3% 计算，退休后要花 881 万元，约占一生支出的 3/4（881 ÷ 1166≈75.6%）；通货膨胀率按 4.8% 计算，则要花 2122 万元，约占一生支出的 85%（2122 ÷ 2508≈84.6%）！

看完这个结果，您有什么感觉？

不要忘了，以上的计算前提是每月仅消费 5000 元，这个消费水平放在现代城市的任何一个家庭都不算高，对有的城市而言甚至很低，而且这仅是每月的基本开销，其他消费都不包括在内，就已经是“天文数字”。其实基本开销之外的其他消费，才更能体现一个人的生活品质，比如教育支出、健康支出、娱乐支出、社交支出……这些是我们更愿意花的钱，如果再加上这些支出呢？

参照案例，您给自己算一下？

所以，不算不知道，一算吓一跳！建议您把支出记个账，看一下自己每月到底花了多少钱，然后按照上述方法给自己算一下，维持您这个消费水平，后半生总共需要多少钱？计算公式如式（7-1）所示。

$$E = a \times 12 \times [(1+i)^{n}-1] \div i \qquad (7\text{-}1)$$

其中，E 代表总支出；a 代表现在每月支出，a × 12 = 年支出；i 代表假定通货膨胀率；n = 预期寿命 - 现在年龄。

例如，张先生现在 42 岁，家庭月均支出 1.5 万元，他按预期寿命 90 岁、假定通货膨胀率按 4% 计算，

总支出 $E = 1.5 \times 12 \times [(1+4\%)^{(90-42)}-1] \div 4\% \approx 2507$（万元）

65 岁前，$E = 1.5 \times 12 \times [(1+4\%)^{(65-42)}-1] \div 4\% \approx 659$（万元）

65 岁后，养老阶段支出 = 2507−659 = 1848（万元）

养老期支出占比约为 3/4（1848 ÷ 2507≈73.7%）。

计算完毕，您再仔细想想，养老需求低估，容不容易？一不小

心前半生就把钱花超了，容不容易？如果不做好提前规划、对收入按一定比例强制截留，而是跟着感觉走、脚踩西瓜皮出溜到哪算哪，最后有足够本钱养老的人，能有几人？

很多人会想，你刚才说的是工薪阶层，那些资产千万、亿万的人肯定不会有这个问题，不用担心未来的养老吧？我说，那可未必。那要看他们的支出水平有多高。人一旦有钱，生活品质、支出水平就会水涨船高，双高家庭（高资产、高收入）的生活品质非一般人能够想象。举个例子，《2014 胡润财富报告》显示，中国千万富豪平均年消费为 176 万元（月均近 15 万元），是普通家庭的十多倍。按照上面的方法计算，他们的终身支出需要数亿元，而他们也有停止工作的那一天，终身赚钱的速度能否跟得上花钱的速度，也是个大大的未知数。

不要说这些千万富豪，就是世界上的超级富豪对未来都有十大担忧（据 2017 年《全球财富报告》），排在第三位的便是“能否支付得起我退休后想要的生活方式”。连超级富豪都在担忧，何况作为普罗大众的我们。

结论：退休，是人一生中最大的负债！

我们的分析结论是：退休，是人一生中最大的负债！就像一篇文章中说的，“每个人，不一定会发生意外或者生病，不一定要养孩子，但每一个人都一定会变老，除非提前离开。30 多年或者 20 多年后，年老的自己就站在时光隧道的那头在等我们。到时候，我们用自己 20 年甚至 30 年的时间给自己预备好一个房子，还是两手空空，怀着愧疚的心情面对那个头发斑白、牙齿松动、脸上有皱纹的自己呢？”“你，打算为自己的退休生活准备怎样的‘房子’呢？”“地铁口收报纸的老人、穿戴整齐却从垃圾箱捡废品的老人，也许，正是以另一种方式在补缴自己的退休金”。

所以，人们必须提前规划，均衡一生财富，创造终身收入，如图 7-2 所示（收入指的是现金流，因为花钱必须要用现金）。用什么创造呢？用你的资产！这样才能弥补退休后越来越大的收支缺口，保障基本的生活品质与尊严。

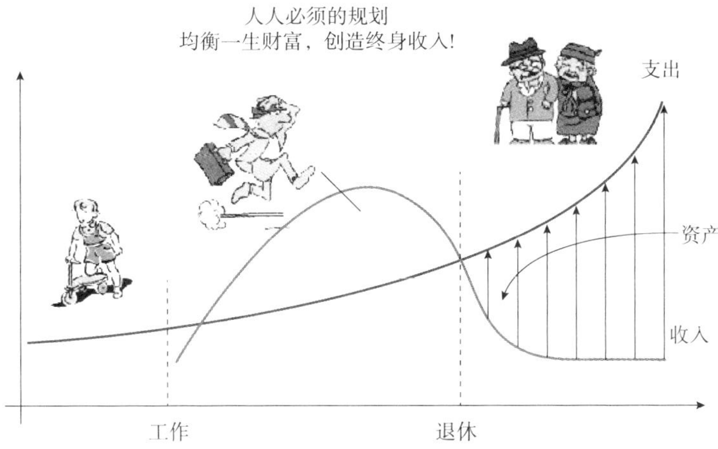

图 7-2　均衡一生的财富

第二节　“三化”空前之老龄化

人类历史上第一个老龄化世纪

纵观人类历史，过去时代 60 岁以上老年人的占比很少超过 10%。但是，进入 21 世纪，情况有很大的不同，世界主要经济体人口结构都在快速地变化 —— 老年人占比越来越高，年轻人占比越来越低。

这是人类第一次迈入老龄化世纪。通常，人们对第一次遇到的事情会有什么影响，很难准确地估量。由于没有过去的经验可以参考，所以基本是摸着石头过河。那就存在一种风险：一旦判断失误，无论对社会还是个人，结果都可能是灾难性的，就如同我们前面所说的穿越沙漠之旅，走到一半就没水没粮、陷入绝境了。

国际上通常把60岁以上人口占总人口的比例达到10%，或65岁以上人口占总人口的比重达到7%当作老龄化的标准，只要符合其中一个条件，即可认为该国家或地区进入了老龄化社会。

按照这个标准，中国从2000年开始进入老龄化社会（65岁以上人口超过7%），2015年，中国人口红利消失（见图7-3）。

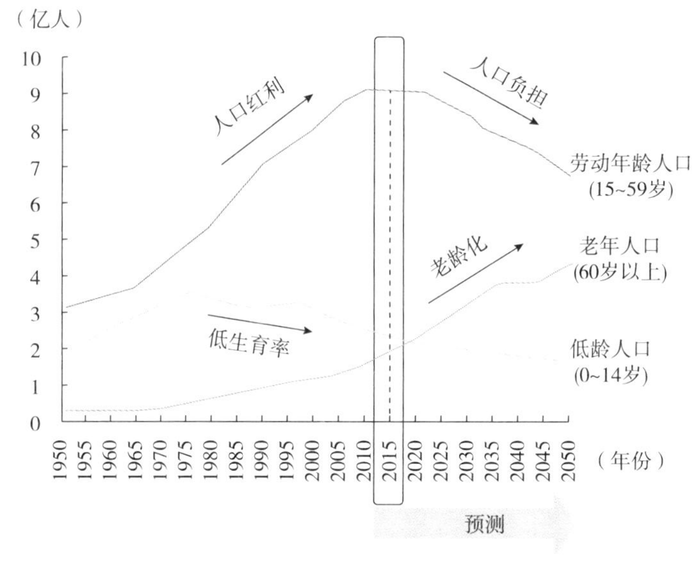

图7-3 中国人口红利消失

中国老龄化形势尤其严峻

中国的老龄化跟发达国家的老龄化有很大的不同，主要体现在以下几点。

（1）中国老龄化的速度更快。发达国家的老龄化进程长达几十年甚至上百年，例如，法国用了115年，瑞士用了85年，英国用了80年，美国用了60年，而中国只用了18年就进入了老龄化社会（1982~2000年），而且老龄化的速度还在加快。清华大学杨燕绥教授说，“我们2000年以前还是个非常年轻的国家，到处都在讲劳动人口红利，但是2000年中国进入了老龄社会，2020年之后2025年之前，中国一定会进入深度老龄社会，然后还有十年到2030年，65岁以上的老人会达到20%，进入超级老龄社会。中国从一个年轻的社会进入一个老龄社会、深度老龄社会、超级老龄社会前后一共30年。我们比较一下，美国1950年进入老龄社会，到2015年，它才（进入）深度老龄社会，它一共用了65年，65年足够有备而老，所以我们得出一个结论：我们的老龄化速度非常快！”

（2）中国是“未富先老”。杨燕绥教授还说，当发达国家进入老龄社会的时候，他们的人均GDP水平是多少呢？1万美元！当他们（进入）深度老龄社会的时候，他们的人均GDP水平是多少呢？2万美元！当他们进入超级老龄社会，比如今天的德国、日本，他们的人均GDP是多少呢？4万美元！而我们在2000年进入老龄社会时，我们的人均GDP是多少呢？800美元。800与1万差十几倍呀！当时和我们同期进入老龄社会的新加坡是24000美元，差不多是我们的30倍，这是一个什么样的现象呢？未富先老！这就是中国的既成事实，不可改变。

尽管全球都在老龄化，但中国的老龄化形势尤其严峻，我们都身在其中，养老面临的挑战不言而喻。

（3）中国是“慢备快老”。由于老龄化来得太快，我们各方面的准备可能都大大滞后于老龄化的进程，面临老龄事业发展的供给侧与需求侧严重不匹配的局面，例如，养老设施严重不足、长期护理服务严重短缺、长期护理保险等重要的政策体系尚未形成、缺乏对老龄健康问题的认识，最关键的是，养老收入保障手段过于单一且缺口巨大……我们正在快速进入养老这个“世纪沙漠”，准备却如此不足!

应对老龄化上升为国家战略

在世界经济增长放缓的新常态下，中国应对老龄化可能产生的社会经济的冲击成了更为紧迫的任务。因此，2019 年 11 月，中共中央、国务院印发了《国家积极应对人口老龄化中长期规划》，提出了应对老龄化的三步走目标：到 2022 年，中国积极应对老龄化的制度框架初步建立；到 2035 年，积极应对人口老龄化的制度安排更加科学有效；到 21 世纪中叶，与社会主义现代化强国相适应的应对人口老龄化的制度安排成熟完备。规划还提出了五个方面的对策：夯实应对人口老龄化的社会财富储备，改善人口老龄化背景下的劳动力有效供给，打造高质量的为老服务和产品供给体系，强化应对人口老龄化的科技创新能力，以及构建养老、孝老、敬老的社会环境。

第三节　“三化”空前之少子化

孩子越生越少，为什么?

少子化，就是现代人生的孩子越来越少，而且越来越不愿意生。

其实，不仅中国是这样，世界上的发达经济体也一样。人均收入越高的社会，人们越不愿意生孩子。为什么呢?高收入对应高消费，人们就要拼命挣钱，光男人挣钱还不够，女人也加入了劳动力大军，而女人要工作就不能生孩子，要生孩子就不能工作，再加上养孩子的成本越来越高（时间、体力、经济等各方面成本），就造成了收入越高越不生的现实。

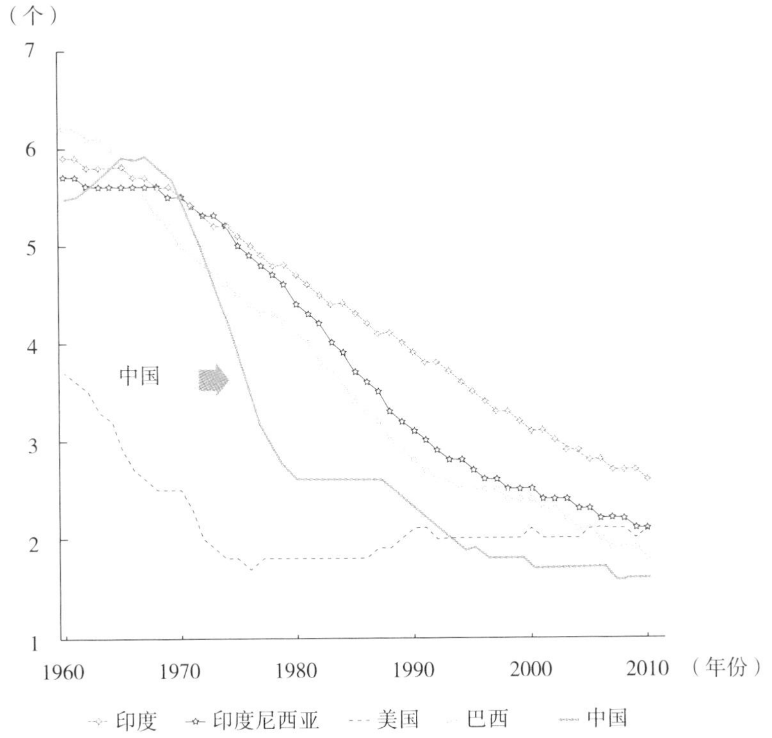

注：纵坐标表示每名妇女生育的孩子总数。

图 7-4　各国生育率

中国的少子化，先是因为计划生育。后来随着收入的提高，我们也遇到了高收入国家面临的情况，你让我生我也不生，因为压力太大。

1982 年计划生育成为中国国策，从此“只生一个好”响彻耳边，我们也告别了“多子多福”的时代。您可以问问身边的“60 后”“70 后”，他们一般有几个兄弟姐妹？两三个都算少的，四五个很正常，七八个也常见。再问问“80 后”“90 后”，他们的兄弟姐妹有几个？不是几个的问题，是有没有的问题。拿出两个时代的全家福做个对照，一目了然。

少子化，威胁中国的可持续发展

2012 年 4 月 25 日，社会科学文献出版社推出了《中国人太多了吗？》研究报告，报告称根据我国 2010 年人口普查的结果，在过去的十年中，中国的生育率已经降到了 1.5 以下，也就是说，平均每个妇女生了不到 1.5 个孩子，远远低于 2.1 的世代更替水平。1.5 以下的生育率意味着下一代人会比上一代人少 30%，在不远的将来，中国人口将进入长期负增长的时期。实际上，在过去 20 年中，低生育率已经使年轻人口减少了 30%，如此剧烈的人口结构变化是世界历史上绝无仅有的。专家认为，如果中国生育率继续下降，中国的人口结构就会变得像现在的日本，成为老龄化程度最深的国家之一，这很可能使中国在全球竞争中处于劣势。

无论在任何社会，劳动生产、创造财富需要年轻人，社保养老缴费需要年轻人，老年人晚年照顾需要年轻人，生育新的人口也需要年轻人。当整个社会和每个家庭的年轻人都在大幅减少时，我们的经济还能否持续发展？养老金能否收支平衡？每家每户的老人谁来照顾？这些问题已经迫在眉睫。

在这样的背景下，2013 年 11 月，中国放开了“单独二胎”政策，但没有达到预期效果。2016 年 1 月，全面放开二胎，但每年新出生人口数量仍趋于下滑（2016 年为 1786 万,2017 年为 1723 万，2018 年为 1523 万，2019 年为 1465 万）。相关调查显示，过半家庭没有生育二孩的意愿，也就意味着单独通过放开计划生育已经不足以遏制少子化的趋势。

少子化，“养儿防老”传统被颠覆

少子化，给家庭养老出了道难题，有可能完全颠覆“养儿防老”的传统。从 1978 年计划生育开始，到现在已经 40 多年，第一代独生子女的父母已经退休，想要靠独生子女为他们养老，靠得住吗？无须多言，看看这些媒体的报道就知道了。

少子化，使中国出现了大量的4-2-1家庭，甚至是8-4-2-1家庭。靠家庭养老，会是一种什么场景？自“80后”一代往后，独生子女为父母养老压力很大。

本章小结

未来养老将面临空前的“三化”局面——长寿化、老龄化、少子化——这“三化”在人类历史上从未有过，也就意味着过去所有关于养老的观念、准备的手段、服务的供给等可能会统统被颠覆，每个人都应该怀着敬畏之心，高度重视、小心审视。我们这一代想要安心养老，到底应该如何准备？不要忘了，每过一天，我们离进“超级沙漠”的日子就近一天，用来准备的时间就少一天。

第八章

未来大趋势之“三冬”叠加的时代

本章所说的“三冬”叠加，具体是指：

（1）社保的“冬天”，入不敷出；

（2）经济的“冬天”，长期低迷；

（3）人生的“冬天”，日渐衰老。

以空前“三化”（长寿化、老龄化、少子化）为前提，“三个冬天”交织在一起，使我们这代人解决养老问题的难度系数倍增。不关注和了解这些日益严峻的现实和趋势，置若罔闻、我行我素，以为到老自然会有办法解决，将是大面积悲剧的开始。

第一节　社保的“冬天”

难以为继的西方福利

人口老化，动摇福利基础。

福利保障制度，是人类近代史上一个伟大的发明，体现了人类文明的进步。

20 世纪 30 年代的经济大危机孕育了世界大战，但也催生了战后新的福利制度。“二战”后，发达国家吸取经济危机的惨痛教训，接受凯恩斯主义，并在生产力提高的基础上，建立起比较完备的社会福利制度，后来被泛称为“福利国家”（据称英国工党艾德礼政府最早宣布建立福利国家）。

福利制度造福了现代亿万个家庭，尤其在战后经济高速增长的时代，各国的福利制度逐渐完善，有的国家甚至因提供了“从摇篮到坟墓的福利”而令人神往（比如北欧一些国家）。当人们慢慢习惯福利制度以后，就开始把政府提供的福利视为一种公民的权利，对福利的需求也就具有了刚性的色彩 —— 人们期望它只升不降，并利用手中选票维护自己的权利。

但是，任何一种福利都有一个基本前提，就是要建立在自身收支平衡的基础上，一旦这个基础被动摇，再好的福利，恐怕都有难以为继的一天，迫不得已最终只能慢慢被削减。而这对于已经习惯高福利、高枕无忧的社会和个人而言，都将是一个痛苦、挣扎的过程。社会福利的收支平衡为什么会被动摇？原因就在于我们上一节讲的“少子化 + 老龄化”：往福利系统里交钱的年轻人越来越少，而领钱的老年人却越来越多，二者形成倒挂，造成福利制度不可持续。

那么，曾经让我们非常羡慕的那些西方国家的福利现在怎么样了，未来会走向何方？

权威著作，预言今日危机

20 多年前，就曾有一本著作对西方福利存在的问题作出预警，其中有这样一段话：“这是个显然的事实：人口统计的、经济的和政治的预示就是这样，即在未来的几十年里，社会保障和医疗照顾计划将停止对所有被赋予权利的人提供福利……忽略这个事实的人会很危险。而那些能面对危险，即刻采取适当步骤的人，将可能提高自己抵御风险的能力，获得财务上的独立。"[1] 这本书的名字是《后顾无忧 —— 构建未来财富安全体系》。

这本书是笔者在2002年开始研究养老问题时买的，该书第一版在20世纪末出版，也就是说在20多年以前，该书作者古德曼先生对西方福利制度不可持续、必然会遇到大麻烦就做出了大胆的预言，他警示人们，如果把未来的希望都寄托在政府提供的福利上，将是很危险的，个人要马上采取行动，通过自己主动的财务规划、持续积累才能拥有一个无忧的未来，这才是唯一正确的选择。

那么20多年后的今天，世界是不是像古德曼先生说的这样呢？

2011年9月的这篇报道《福利支票令西方喘不动气》提到，"欧美国家反思'债务危机'背后隐藏'福利危机'；引用英国《经济学家》杂志的说法：欧洲21世纪不会被炮火摧毁，但可能会被一张张福利支票压得喘不过气来。"今天西方的高福利靠什么支撑呢？债务。所以，现在欧美日这些发达国家都负债累累。为什么？福利因变成了政府的刚性支出而与日俱增（老龄化），但经济逐渐下行（20世纪90年代日本资产泡沫破灭、2008年美国次贷危机、2009年欧债危机），政府收入每况愈下，政府收不抵支只得靠举债度日。其实政府跟个人一样，哪个家庭能永远靠借钱过日子？

债务越滚越大，政府迟早有撑不住的一天，那怎么办？只能回过头来削减福利。

美国社保体系不堪重负

2009年9月的报道《经济衰退让美社保体系不堪重负》，2014

---

① 引自［美］罗伯特·古德曼所著《后顾无忧 —— 构建未来财富安全体系》（2002年第二版）。

年 1 月的报道《美国恐掀养老金削减潮》，2016 年 4 月的报道《美国养老金缺口 3.4 万亿美元》……这些报道充分说明了美国社保体系已经不堪重负。英国《金融时报》援引这项研究结果报道，“美国养老金缺口的实际总规模是官方数字的 3 倍多，而且缺口仍在扩大”。巨额养老金缺口已经助推多个美国城市申请破产，包括密歇根州、底特律和加利福尼亚州圣贝纳迪诺。专业人士表示“今后 5 到 10 年，我们非常可能看到更多城市破产，无资金准备的养老金债务将在其中发挥重要作用”。2017 年 5 月的报道《3/4 的美国人打算退休以后继续工作》称，盖洛普的分析师表示“一些美国人对自己退休后的财务情况过于乐观，导致退休后的钱不够养老。不管是为了能养活自己，还是通过工作充实生活、获得乐趣，越来越多的美国人都计划工作更长时间”。

英国养老金黄金时代结束

2011 年 8 月的报道《英国养老金“黄金时代”结束》称：“养老金的价值受到了全球经济衰退、较低投资收益、家庭债务增加、实际收入下降和低利率的打击。今天公布的一份报告警告说，多达 1400 万劳动者在退休时将领取远比他们父辈少得多的养老金。随着养老金‘黄金时代’结束，大约有四分之三的私营部门职员将无法在退休后‘满意地生活’，千百万人面临养老金贫困；中产阶级退休时将面临收入水平和生活质量严重下降的问题，很多在 2020 年后退休的劳动者将面临‘黯淡的老年生活’，即使把强迫雇员为退休而储蓄的养老金改革考虑在内也是如此。”

养老金削减引发了民众的强烈不满和抗议。2012 年 5 月的报道《3 万警察助阵英国大罢工》称，40 万人上街抗议削减养老金，警察加入罢工在英国百年历史上是第一次！由于政府削减开支、削减福利的紧缩措施，英国这两年工人罢工、教师罢工、学生罢课不断；公共部门员工因退休金问题，就已经举行过至少两次全国性大罢工。

欧洲因退休改革，动乱此起彼伏

2011 年 12 月的报道《欧洲退休改革引发动乱》称，"当地时间 11 月 30 日，200 万英国人走上街头开始举行世纪大罢工，以抗议政府进一步提高养老金保障门槛的计划。同一天，保加利亚两大工会组织发起万人大游行，抗议政府的养老金制度改革，希腊 12 月 1 日也举行了大罢工，而在前不久，意大利新政府出台包括退休金制度改革在内的财政紧缩法案时，也引发了大规模的群众抗议示威活动"。

2011 年 12 月，题为《意大利政府"挥泪"紧缩，总理承诺零薪水》的报道称，意大利总理马里奥·蒙蒂公布财政紧缩和经济刺激方案，措施包括削减公共开支，增加税收，提高退休年龄，涉及金额 300 亿欧元。蒙蒂说，"新方案痛苦、但必要，是拯救意大利的决定"。劳工部长艾尔莎·福尔内罗当天为这一无奈之举流下眼泪。她说退休金改革给她造成极大"心理压力"。

日本：社会神话破灭，老人生活艰难

日本是世界上老龄化程度最严重的国家，日本政府因此深陷债务危机。前面我们就提到过，日本陷入债务"千兆陷阱"，成为全球负债冠军，日本国民人均负债 792 万日元（相当于人民币 51 万元）。

2018 年 5 月题为《老龄化令日本社保不堪重负》的报道中提到：随着老龄化不断加深，社保费用在以超过经济增长的速度增加，政府和执政党具有强烈的危机感，认为社会保障制度的根本性变革不可避免，如何筹措不断增长的社会保障费用成为争论的焦点。

其实，早在2008年就有题为《日本社会模式神话破灭》的报道反映退休老人生活难。60%的退休人员只领取由国家支付的养老金6.6万日元（全额领取必须是缴费满40年），而日本最低生活费用需要8.8万日元。很多老人不得不继续工作到70岁以后。固定养老金和基于个人收入的养老金加在一起平均大约只相当于退休前收入的25%。如此低的收入连维持基本温饱都困难，很多日本老人做出了一种令人无法想象的选择，去监狱养老。

其他国家，境况基本类似

还有其他国家，例如韩国（“亚洲四小龙”之一）、巴西（金砖五国之一）……不一而足，只见养老金水平下降，没见哪个国家在提升。

延迟退休，全球无一例外？

人口老龄化在人类历史上前所未有。随着老年人不断增加、年轻人不断减少，社会保障体系的收支平衡将从根本上被动摇，削减福利几乎成了每个国家必然的选择。如何削减？几乎所有国家无一例外地都采用了“延迟退休”，有的国家甚至出现了一延再延。最终延到多少岁合适？多数国家未来的方案都指向了70岁，甚至更晚（例如丹麦，最晚的要76.5岁才能退休）。

2013年中国人社部专家建议将退休年龄延至65岁（男女统一，现在男性60岁退休，女干部55岁退休，女职工50岁退休，分别要往后延5年、10年、15年不等）。

中国养老形势尤其严峻

全球养老金可持续性排名，中国排名较靠后

中国面临的形势较为严峻，我国老龄化的速度较快，老年群体的数量较大。2011 年，我国已经有 14 个省份的养老金收不抵支。2014 年，在全球 50 个主要国家养老金的可持续性排名中，中国排第 45 位（见图 8-1）。

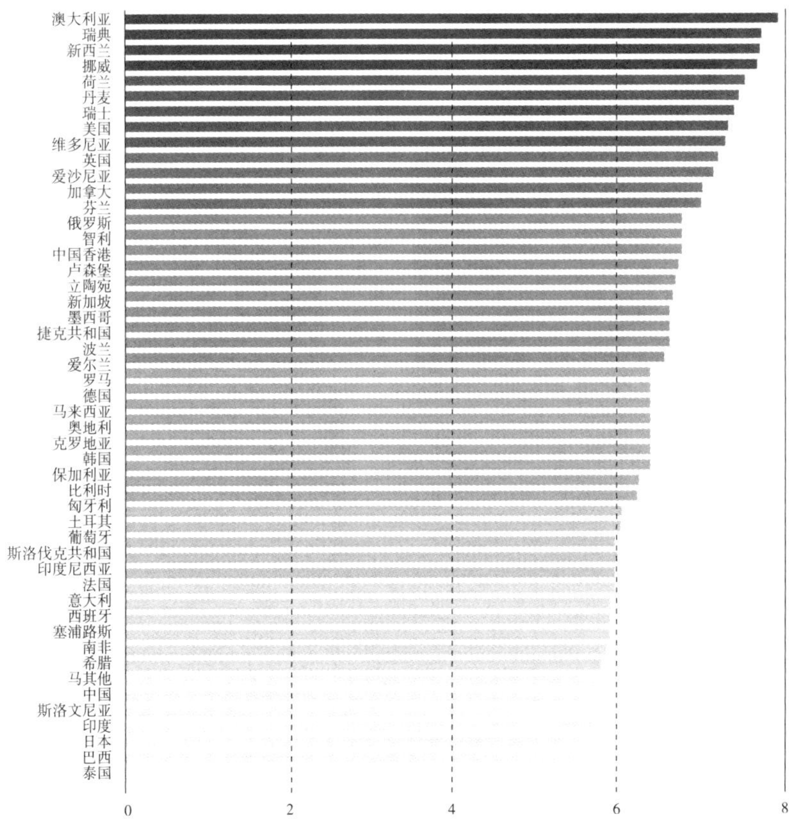

图 8-1 2014 年养老金可持续指数排名

资料来源：笔者自行整理。

养老金替代率连年下滑

世界银行建议，若要使退休后生活水平与退休前一致，没有落差，养老金替代率不能低于70%（70%被称为“养老品质线”）。国际劳工组织的《社会保障最低标准公约》规定，养老金替代率最低标准为55%（55%被称为“国际警戒线”）。中国养老金替代率分别于2003年、2009年跌破70%、55%，目前已经不足50%。现在还没到深度老龄化，更没到超级老龄化的阶段。那时候我们的替代率能达到多少？会不会像日本一样（25%），甚至更低？

养老金结构较单一，对社保依赖性较大

关于养老金来源，西方国家通行的做法是采用国家、雇主和个人共同分担的方式，俗称“养老金三大支柱”。我国的养老金80%来源于社保基本养老，结构较单一。2017年中国和美国的三大支柱的占比如表8-1所示。

表8-1　2017年中美两国养老金三大支柱对比

国家	第一支柱（国家）占比（%）	第二支柱（雇主）占比（%）	第三支柱（个人）占比（%）
美国	10	58.2	31.8
中国	79.4	20.6	?

注：据央视报道，2017年中国养老金三支柱中政府养老金、企业年金（覆盖率不足30%）和个人养老金的替代率分别为45%、6%、不足1%。

2019年《中国退休市场的未来报告》称，中国家庭退休规划迫在眉睫。随着越来越多的中国人达到退休年龄，社保系统可能已经无法满足老龄化人口的财务需求。中国家庭对退休规划的需求将迅猛增长。

当全国两会都在追问“中国式养老”钱从何来的时候，是时候为自己的未来开启你的养老规划了。

丰足晚年，必备商业养老保险

商业养老保险，是个人退休规划的核心。

养老，经不起任何失败，必须满足稳定的预期。商业养老保险，具有超强的安全性和稳定性，是唯一保证提供与生命等长、持续稳定的现金流的金融工具。发展商业养老保险，壮大第三支柱，也将成为国家养老体系建设规划的重中之重。

第二节　经济的“冬天”

养老金的积累和增值，倚重良好的经济环境

养老金从开始积累，到最终使用，要跨越漫长的几十年。几十年时间，世界会发生太多的变化，会遇到无数大大小小的风险，这些都会为我们的养老金能否顺利地积累、能否安全地持有带来变数。但无论怎样，我们都要尽最大的努力去规避所有的风险，做好充足准备，以完成我们“进入超级沙漠”之前的目标，并一路保障它的安全性。在所有因素中，未来的经济环境以及长期走势，是一个至关重要的因素，它不仅关系到养老金积累的速度和效率，更关乎养老金的安全。万一经济出现长期不利的局面，我们应如何提早做好防范，是这一部分我们讨论的重点。

您有没有注意到，本节的题目，我们直接用了“经济的‘冬天’”，想表达的意思就是，我们这一代人未来有可能遇上一个超长

的、空前的经济萧条期。为什么这么说呢?

经济的“冬天”—— 空前漫长的萧条，或已在路上

自从 2008 年美国次贷危机引发全球金融风暴以来，全球经济增长持续低迷，虽然各国使出吃奶的劲，动用了空前的降息、量化宽松等手段刺激，但低迷的经济依然不为所动，经济学家给这种现象起了很多名字，例如“L 形”走势（从高增长降下来后长期没有反弹，如图 8-2 所示）、“新常态”、“新平庸”等，无非是想说明，过去高速增长大家习以为常，以为高增长就是现代经济的常态，而 2008 年以后发现高速增长突然没有了，长期的低迷变成一种常态，所以叫作“新常态”。我国著名经济学家许小年在 2016 年的一次演讲中就提到“为漫长的经济‘冬天’做准备”。

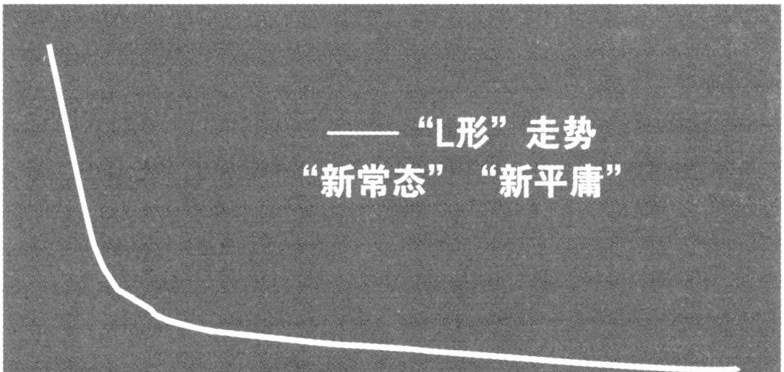

图 8-2 “L 形”走势

那么，这种经济低迷的“新常态”，会持续多长时间呢？有的专业机构一直在寻找这个答案，试图给大家一个说法，例如 2016 年德意志银行的报告称“未来 35 年全球增长将非常缓慢”。这份详尽的年度报告说，过去 35 年支持全球经济增长和繁荣的所有条件正在

消失。决策者将艰难应对由此产生的严峻的经济、社会和政治挑战。如果根据过去 35 年的情形来推断未来的发展趋势，这可能将是投资者、政治家和央行犯下的最危险的错误。

另一份来自麦肯锡全球研究所的报告更加悲观，报告称“全球经济增速未来 50 年或锐减”，看到了吗？低迷将持续 50 年。而且增速是锐减（从 3.6% 降至 2%，减速是超预期的）。

什么因素在主导经济增长长期显著放缓这一趋势？麦肯锡称是人口红利消失。该报告分析道，“在过去 50 年里，全球经济规模扩大至原来的六倍，有 40% 归功于所谓的人口红利，这是指较高的人口出生率和寿命延长，暂时令越来越多的人进入全球劳动力市场。但是现在这一进程临近尾声，在过去 50 年里劳动力每年增长 1.7%，而在未来半个世纪里，这一数字或许只有 0.3%，部分地区的劳动力甚至可能在未来十年内达到顶峰（比如中国），之后将不断减少。为了全面弥补劳动力增速的放缓，生产率每年需要提高 3.3%，这一水平要比过去 50 年里全球生产率年均增长率 1.8% 高出 80%（这显然是不可能的）。如果生产率增长保持不变，在未来 50 年里全球经济规模只会翻一番，远远不足以为福利制度和债务利息提供安全的资金”。

著名的信用评级机构穆迪的一份研究报告给出了同样的结论，“超老龄化国家猛增，适龄劳动人口锐减——人口定时炸弹危及世界经济”。穆迪分析说，过去推动经济增长的人口红利将变成人口税，最终将使世界大部分国家经济增长放缓。在其信用评级范围内的国家当中，有超过 60% 将在 2016 年之前被评定为正在老龄化。到 2020 年，超老龄化社会（即 65 岁以上的人口超过 1/5）将从目前的 3 个增至 13 个，到 2030 年可能达到 34 个，当适龄劳动人口的增加速度赶不上人口老化的速度时，供养老年人的代价就可能使公共资源和私人资源显得不足，养老体系难以承受，公共财政不堪重负。

如果您想更详细地了解人口红利消失对未来经济的影响，推荐您阅读《人口峭壁：2014~2019年，当人口红利终结，经济萧条来临》（作者［美］哈瑞·丹特，是长期从事经济预测的专家，被誉为唯一未曾失准的经济预测专家）。在该书中，哈瑞·丹特借鉴了法国社会学之父奥古斯特·孔德（Auguste Comte）“人口决定命运”的观点，认为人口也能决定未来经济走势。书中特别提到中国，中国将是第一个从人口峭壁上跌落下来的新兴市场国家。2025年左右中国人口达到峰值，之后人口数量开始下降。虽然中国还会有一个时间很长的城镇化进程，但阻挡不了人口红利消失引发的房地产泡沫破灭，是时候将手中的房地产出手了，现金流才是王道；适时调整我们的生活和理财规划，才能安然度过危机，在未来获得更好的发展。

看看做出上述结论的机构和学者的分量，一个是全球金融巨头德意志银行，一个是全球最著名的咨询机构麦肯锡，一个是全球最著名的评级机构穆迪，一个是以长期预测著称的著名经济学家，以他们的身份和影响力，是不会轻易做出任何结论的，但是对未来全球经济将长期放缓、最大的影响因素是人口老化，他们的结论如出一辙。这一趋势，不仅关乎全球经济的命运，更关乎每个人的命运，所以我们不得不以敬畏之心来看待他们的研究成果，并以终为始，将如何应对这一趋势纳入个人养老规划的范围。

长期萧条，养老安全的巨大挑战

萧条影响我们的收入

经济放缓，首先意味着收入增速会放缓，甚至不升反降；经济放缓，还意味着赚钱的机会减少，很多行业甚至会出现萎缩（例如非必需的奢侈型消费），从而造成大量人口失业，影响职业的稳定性和收入的稳定。所以，我们从两个方面着手，一是要考虑做什么在未来有好的前景，不易被淘汰，并朝这个方向努力，以保障我们有稳定增长的收入来支撑我们的养老规划；二是要居安思危，控制支出，趁现在收入还好、寒冬还没到，尽量加大节余空间，好有更多的钱为未来储蓄，防止万一将来收入下降，想做养老储蓄又没有钱。

萧条影响资金的安全

养老金跨越周期漫长，需求数额庞大，一旦失败几乎没有机会重建，所以安全性至关重要。而经济的长期萧条可能伴随更多，甚至更大、更长的风险。以下两点值得关注：

（1）经济和金融危机——就像前面的专业研究报告提到的，经济低增长无法为偿还债务利息提供安全的资金，而恰恰自2008年全球金融危机以来，全球债务飙升，达到了有史以来的最高纪录，大量债务无法偿还引发金融机构倒闭，达到一定限度，就是系统性的金融危机。所以，面对经济下行和债务高企，2017年12月中央经济工作会议确定的"未来三年三大攻坚战"中排在第一位的就是"防范和化解重大风险"，特别是"金融风险"。2018年央行、银保监会、证监会、外管局等四部委联合发布的《关于规范金融机构资产管理业务的指导意见》（以下简称资管新规）打破资管产品刚性兑付，从此承诺保证本金的各类投资、理财产品永远告别了历史舞台，个人投资者与金融机构将开始风险共担。

（2）泡沫破灭，例如房地产等行业。根据《2018中国城市家庭财富健康报告》（广发银行和西南财经大学联合发布），中国家庭住房资产在家庭总资产中占比为77.7%，远高于美国的34.6%。当人口结构出现剪刀差（老龄化、少子化）时，仍然将房产作为家庭财富的主要载体将面临很大的风险。少子化，年轻人比例显著降低，意味着未来新入市买房的人口大量减少；而老龄化导致养老金不足，必然会有大量老人变现卖房，接盘的人少，想变现的人多，您想结果会怎样？同时，经济越萧条，现金越稀缺，想把房子变现的人就会越多，当房子价格不再上涨，而是开始下跌，慢慢改变大众房价预期的时候，离泡沫破灭也就为期不远了。

以上风险的存在，对选择什么工具才能确保养老金的安全，提出了很高的要求。

萧条影响投资收益

经济处于下行周期，带来两方面的影响。一方面，钱不好赚且风险很大，企业家的投资热情就会下降，从而导致对资金的需求下降。另一方面，年轻人减少，家庭投资买房的需求和消费需求不断走低，与之相关的房贷、消费贷款需求也会不断下降。这两种因素合在一起，就会导致整个社会资金过剩。市场整体资金过剩，资金的价格（也就是利率、理财收益率）就会不断走低。

从 2008 年金融风暴以来，各国的央行为了使日益下行的经济不至于崩溃，不断降息，全球范围内甚至出现了大面积的零利率、负利率，但是经济下行的走势依然没有改变。

持续低迷的经济和低利率政策，是否预示着我们正在告别投资理财的高收益时代？多年以前，北京大学国家发展研究院的宋国青教授在宏观经济论坛讲话时曾说：“高投资回报率甚至暴利的时代或许将一去不复返。在今后很长一段时间里，一投就暴赚的思维非常可笑，投资者必须精打细算，必须快速适应低回报的时代，未来能有 3%~4% 的投资回报率已经算是不错的水平，5% 就算是投资的赢家。”从负利率走势来看，未来做投资理财，收益不是高低的问题，有没有都不一定，这可能会颠覆很多人的认知。

这对于养老金的积累可不是什么好消息。我们前面在“长寿化”那一节里做过一个计算，一个家庭每月 5000 元的消费，加上非常温和的通货膨胀，终身支出都将以千万元计。对养老金来说，意味着若不做投资、使资产持续增值，想单纯通过攒钱给养老用，一定会坐吃山空，“人在、钱没了”。所以，安心养老，一定不是建立在吃本钱的基础上，而是通过本钱产生持续的现金流（收益），这样才会使收入源源不断，不管活多大都有钱花。那在这样一个低利率、打破刚兑的时代，钱投在哪里才能锁定一个相对较高的、稳定的收益，保障终身的现金流呢？

商业保险：较高的定价利率，锁定终身受益。

在现有的金融工具中，能够提供终身保证收益并且收益相对较高的，恐怕只有寿险保单了。目前，中国内地带有理财功能的寿险产品定价利率为 3.5%，相对于过去理财收益而言并不算高，但随着经济持续低迷、利率不断下行，3.5% 未来会不会一直有，笔者不敢说。趁现在还有，一旦购买即终身锁定，而且有刚兑性，这一点对于有效抵御中国的经济、金融风险意义重大，商业保险的这一价值对养老规划的作用是无可替代的。（图 8-3 提供了从 20 世纪 90 年代到今天，保险的预定利率与央行基准利率的走势对比）

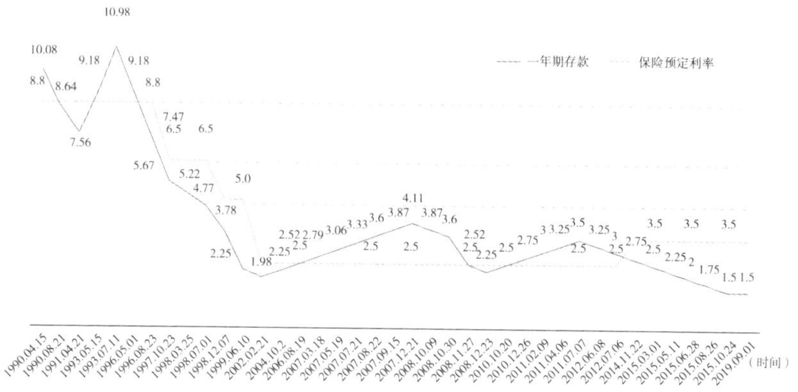

图 8-3　1990~2019 年央行利率与保险预定利率

第三节　人生的“冬天”

最好的告别：老年是一系列连续不断的丧失！

人生好比四季，有春夏秋冬。退休后，我们将慢慢从生命的秋天进入冬天。

老了什么样？在真正变老之前，没有人知道，您也很少会去关心。笔者也一样，直到有一天笔者看到了一本书，读到其中一句话，彻底被震撼了。这本书就是《最好的告别：关于衰老与死亡，你必须知道的常识》（*Being Mortal*：*Medicine and What Matters in the End*），作者是美国的阿图·葛文德。有句话是这么说的：“老年是一系列连续不断的丧失！”

“当独立、自助的生活不能再维持时，我们该怎么办？关于这件事情，你完全没有经验，别人也不可能教你。但是你必须要面对，以正确的姿势做好准备：好好活到终点！”

以前时代，人活七十古来稀，人均寿命不到50岁，相对于现在老年期是很短，人还没怎么变老就告别了世界。也就意味着有些问题还没等出现人就走了，比如长期失能、失智，或者出现了时间也很短，不会像现在这么多、这么久。而随着现代人寿命大幅延长，我们变老的时间将长达三四十年，会经历一个生命力一点点衰减、重要的东西一样样丧失，但你的命还要活很久才会结束的漫长过程，这无论对本人，还是身边的人，都将是精神、意志和财力的考验……

“老年一系列连续不断的丧失”，人老了都不断丧失什么？

失去健康，带病生存

第六次全国人口普查显示，我国凸显“长寿不健康”现象，在60岁以上老年人的剩余寿命中，有2/3的时间处于带病生存状态。

《中国健康城市建设研究报告（2018）》称，中国的60岁以上老年人中，有3/4处于带病生存的状态，当健康中国的目标面临空前的老龄化压力，政府、社会和个人该如何应对？3/4的老年人会面临这样的老年生活：吃穿、上下床走动或者上厕所等日常生活，至少有一项他们无法自理。

渐渐失能，无法自理

暮年，体力日渐衰退，能力一项项丧失，最终连衣食住行在内的基本生活技能也留不住，全都被收了回去，人会重新活回婴儿的状态，这就是所说的失能——衣食住行全靠他人扶助。

我国首次《全国城乡失能老年人状况研究》显示，2010年末，全国城乡部分和完全失能老年人约为3300万人，其中完全失能老年人为1080万人。失能老年人比例明显偏高，失能老年人的照护问题也日益严重。

2016年10月，全国老龄办政策研究部副主任李志宏在京津冀养老论坛上指出，目前我国的老龄化进程日趋严峻，伴随着这一进程，失能老人、高龄老人、空巢老人和独居老人等养老服务重点对象大幅增加，据测算，失能老人将持续增长到2020年的4200万人、2030年的6168万人和2050年的9750万人。作为世界上失能老年人最多的国家，我国面临的失能老年人照护服务压力超过了世界上任何国家。必须尽早实施健康老龄化战略，并尽快建立长期照护服务体系。

丧失智力，忘记一切

暮年最难堪的是，你的生命还在，智力先走了。

不记得自己的家门，很容易走失，有的甚至不幸冻死在外面。他们活得很危险！

认不出自己的家人，甚至忘记自己是谁，美国前总统里根患阿尔茨海默病很多年后才去世。终日相伴却认不出自己，里根夫人南希的精神备受折磨，她曾伤心地把它比作"漫长的告别"。

这种病目前在全世界和中国分别是什么情况？2019年9月21日，国际阿尔茨海默病联合会发布最新报告，2018年全世界有

5000 万名阿尔茨海默病患者，平均每 3 秒钟就有 1 名患者产生，并且这个数字到 2050 年还会翻三番。截至 2019 年，中国有 1000 多万名阿尔茨海默病患者，是患者数量最多的国家，预计到 2050 年中国将有 2800 万名患者，该病将成为中国人的第五大死因。而由此造成的治疗成本负担将飞速增长！（见图 8-4）

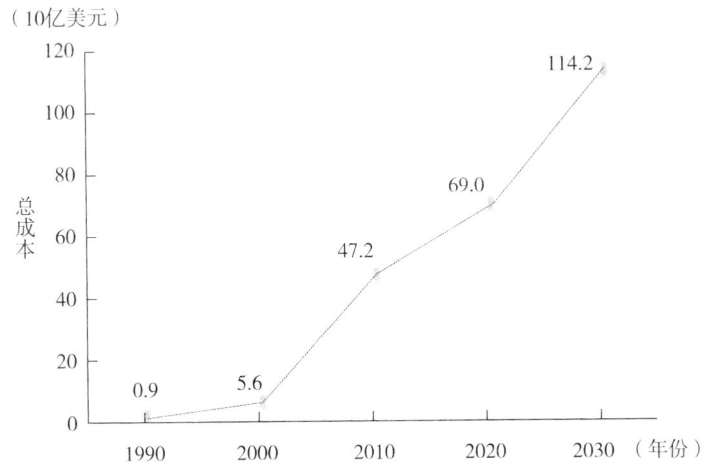

图 8-4　1990~2030 年中国治疗失智症的总成本（估算值）

资料来源：世界卫生组织。

失去尊严，愧疚无助

当人到暮年，日渐衰弱到无法自理，日常起居都需要别人照顾时，会感到自己很无用，感觉活着是一种负担。有些事情会让他们很难为情，例如会感觉"生活中最好的事，就是能自己上厕所"。从过去什么都能，变成什么都不能，从一个被依赖者变成一个依赖者，会给他们的心理造成很大的负担。如果人们很难接受这种状态，就无法心安理得地变老，无助、愧疚、孤独、甚至厌倦会时常环绕心头……

失去伴侣，无人陪伴

但是，未来让人们最难堪的，恐怕是当你最需要人照顾的时候，却根本无人可依。因为人类第一次在“三化”叠加的时代养老，它来的速度太快、变化的幅度太大，以至于整个世界都还没有为它做好准备。

老伴先走了，没能跟你白头偕老；孩子们都有自己的家庭，忙着各自的事业，对你无暇顾及，有的甚至远在天边——你整日要与孤独为伴，而孤独是人类的天敌，最终精神可能会被击倒。

我们来看一下2018年5月4日《参考消息》上登载的一个让人读之不禁潸然的真实故事——《中国独居老人求收养引关注》。

韩××是数百万独居老人之一，他的妻子已经去世了，儿子在加拿大。他害怕孤独，极其渴望别人的陪伴，他更害怕自己一个人会独自在家死去、无人知道。这些年来他一直想让别人听他说说话，他拦下邻居跟他们说自己很孤独，但周围邻居都有孩子要抚养，也有年老长辈需要赡养的，没有人能够帮到他。在2017年12月一个寒冷的日子里，这位85岁的老人找出一些白纸，用蓝墨水写下了这样一张纸条——“寻求收养人：85岁孤独老人，身体壮实，购物、做饭、家务都自己去做，没有慢性病，退休于某科研单位，退休金6000元/月，不去养老院，渴望有慈善爱心的人和家庭收养我，养老送终，死后不要骨灰，只求余生善待。青年学生，打工青壮年有爱心者均可。”然后就把它贴在街头的公共汽车候车亭里，回家等待。刚开始他一直抱有很大的希望，但是时间一天天过去，没有任何回音。一年后，当他开始意识到，自己想象中的收养家庭很难找到时，他的心情变糟了，很快，在今年（2018年）的3月17日，他去世了。后来，他的大儿子得知消息从加拿大飞回国内来料理后事……这样的“韩××”在中国城市、乡村的各个角落太多太多，他们不是没有孩子，而是没人陪伴。

永别了，那个“养儿防老、多子多福”的时代！

过去，人要是长命百岁，必然人丁兴旺。二十几年一代人，每一代都一大帮孩子，越活人越多。你真活百岁，养老是可以不断有人接力的，有病有灾需要人照顾是可以轮番上阵的。

现在每一代平均生不到 2 个孩子，往上看老人越来越多，往下看孩子越来越少，活百岁跟谁接力？有病需要照顾，跟谁分担？

2010 年前后，中国第一代独生子女成年，他们的父母逐渐老了，到了需要照顾的年龄。第一代独生子女为父母养老，情况如何？媒体调查显示，七成青年照顾父母力不从心。

独生子女照顾生病父母的专访，题为《第一代独生子女李非的抓狂》的文章中写道：李非是中国第一代 610 万独生子女中的一员，如今 35 岁的她遇到了前所未有的焦虑。“老人生病要照顾，孩子上学要接送；请假就没工资，没钱就还不了房贷；单位说‘再不来你就不用来了’，幸亏老公请假不扣工资。照顾生病母亲，每天只睡四小时，我好累，谁能让我多睡一会儿……”“421”的家庭结构让她觉得这个冬天特别难熬。这是一群人的焦虑，我国第一代独生子女的父母们大多已经年过六旬，成为了需要被照顾的一代。李非没有兄弟姐妹的陪伴，对于独生子女休假政策的盼望成为她最大的念想。

更多第一代独生子女的父辈，如今开始面对养老问题。尽管“拿什么钱来养老”的问题是他们和国家一起关心的，但是他们更为关心的是风烛残年之后，儿女能否绕于膝下。对于独生子女时代的父母来说，经济上的养老成了其次，关键是老来无依。也并不是非要依靠谁，而是心灵没有慰藉，有时候心灵的寂寞更容易让人崩溃。于是，他们只能拼命抓住儿女这根绳。对于独生子女来说，成年之后的一些选择，也不得不考虑父母养老所需的心理安慰。独生子女时代的青春并非为个人所拥有，大学毕业之后所做的选择，必须考虑父母的养老问题，这其中也包括对爱情的追求，于是在独生子女时代一个养老问题就绑缚了整整两代人，上一代人的余悲和这一代人的青春。[①]

“少子化 + 老龄化”时代，依靠家庭养老力不从心，那么靠社会呢？准备也是远远不足。

2017 年 12 月 15 日《老年生活报》的报道《中国式养老，缺医少护待解》中说到，目前绝大多数老年人都处于带病生存的状态，生活不能自理者高达 1877 万人，这一数字到 2020 年将超过 2000 万人，然而当前老年医疗养老服务满足率仅为 15.9%，有 84.1% 的老年人没有得到相应的医疗养老服务。按照国际惯例，每三位老人需要一名护理人员，按照此标准，我国对养老护理人员的需求大约 1000 万人。目前的状况是，护理成本高昂，护理人员严重匮乏。以山东省济南市燕柳老年公寓为例，十个护工承担着 60 多个老人的护理工作。

① 摘自 2012 年 7 月 16 日的《半岛都市报》。

本章小结

题为《老龄海啸逼近，中国没准备好》[1]的文章中报道，中国老龄化形同快速逼近的海啸，但中国似乎尚未为即将到来的危难规模和代价做好准备。透过北京为数不多的养老院之一，人们可以一瞥中国今后二三十年所面临的窘境：病房内挤满患病的老人和濒死的患者，有的被绑在床上，有的已经丧失活动能力，“老年人的生活很悲惨。当你夜里需要什么时，没有人在身边帮你，觉得生命很脆弱，我想哭。”一位患癌的老人说。

“三化”空前 +“三冬”叠加，预示着什么?

21 世纪的养老，与以往任何一个时代都大不相同！

养老，现实的需求远远超出你的想象！

以往的做法、甚至价值观统统被颠覆！

从社会到家庭，严重低估、准备不足、行动迟缓，是普遍现象。（刻舟求剑的寓言正在上演）

如不及早改变，抓紧行动，充分准备，更大面积的养老悲剧将在未来几十年里持续上演。

---

① 摘自 2017 年 9 月 24 日的《环球时报》。

第三部分

养老规划——准备

第九章

准备的核心：多少钱才够养老？

准备的前提是先要做一个有效的预算，账若没算对，后果很严重 —— 进到沙漠中心，没水没粮了！我们先看一下之前关于这个话题的一些讨论。

第一节　百万、千万、亿万，我该信哪个？

多少钱才够养老，经常成为社会热点话题，尤其2010年以来讨论极为频繁和热烈。用不同的标准衡量，结果会有很大的差异。我们先列举一些关于这个话题的经典讨论和他们给出的结果。

“80”后退休前得准备314万元

前些年，有一篇博客文章《“80后”退休前得准备314万元》曾经一度关注度很高，吓到了很多年轻人。

《30年后靠什么养老》称，普通家庭需要733万元

还有一篇文章《30年后靠什么养老》，给出了详细的计算。以30岁为例，一对白领夫妻现在年均支出5.68万元，那么养老支出

需要 733 万元（考虑通货膨胀）。（这个跟之前我们月基本生活费 5000 元的案例得出的结果有点类似）

胡润：1.1 亿元就能快乐退休

“多少钱才能快乐退休？”2010 年胡润《快乐退休报告》给出的标准是 1.1 亿元，并且说那时中国有 5.5 万人能够达到这个标准。这里说的“快乐退休”的内涵，肯定是大众阶层想都不敢想的，很多人估计会觉得与自己无关。

2018 年《中国养老前景调查报告》：被调查者认为至少需要 163 万元

2018 年《中国养老前景调查报告》显示，中国年轻人认为他们至少需要 163 万元才能过上舒适的退休生活。调查还显示，近 2/3 的年轻一代仍然希望依靠政府养老金和现金储蓄来养老。

这个调查得出的结果是否靠谱先不管，至少很多人看到这个结果会长舒一口气：“总算给了一个能让我感觉有点希望的结果。”

第二节　美国：计算结果超乎多数人的想象

活到 100 岁总共需要 350 万美元

现代人不仅长寿，而且生活品质提高，到底多少钱够养老？美国人也在算。

在报道《活到 100 岁要花多少钱？》中，美国专业机构给出的答案是约350万美元，而过半支出是50岁以后花掉的（50~81岁需要150万美元，若活到100岁，需要再准备68万美元）。专家称，如此高昂的生活费用常常令退休者感到震惊，他们中的许多人原本都指望等年纪大些时大幅削减生活成本；实际上人们在退休阶段所花的钱，往往比工作时花的还要多。这些钱主要花在哪里取决于年龄段，60~69岁，有钱有时间，最舍得在娱乐上花钱，比如旅行；70~79岁，病痛找上门，医保费狂涨；80~89岁，生活开支吃紧，不少人几代同堂以便相互扶助；90~99岁行动难自理，靠社会保障。

退休后需要150万美元，半数将退休者只准备了10万

一生支出高达350万美元，退休后至少要准备150万美元，这个支出水平在美国也算是天文数字了，注意这还都是按现在的物价水平，没算通货膨胀。有多少美国人退休时准备好了150万美元？或者说现在即将面临退休的美国人都为自己准备了多少退休金呢？美国雇员权益研究学会称，约60%接近退休年龄的美国人（55~64岁）都有退休金账户，退休金账户的余额中位数为10.4万美元。美国保险业巨头金沃思金融公司称，对于2/3的65岁以上需要长期护理的美国老人而言，养老成本越来越高不可攀。美国现在养老院单间每年的费用均值为9.1万美元。上门式家庭医疗服务，每年的费用为4.576万美元。也就是说，很多人攒了一辈子的钱，仅够在养老院住一年。

所以，养老的账，必须要细细地算一算，算错了后果很严重。

接下来，我们要先确定一个口径，看看养老都涉及哪些需求，然后针对每一种需求，给出一个合理的预估，先把需求分为“基本消费、圆梦基金、居住方式、健康支出、长期看护、告别世界”几大模块。

第十章

精算养老：要准备什么，准备多少?

第一节　基本消费

基本消费的特点

所谓基本消费，就是为保障生存和基本生活品质而必需的支出，这是养老最基本的保障。

这部分支出的特点是持续终身、刚性递增。满足这部分需要的钱可以称作“老本”，如图 10-1 所示。

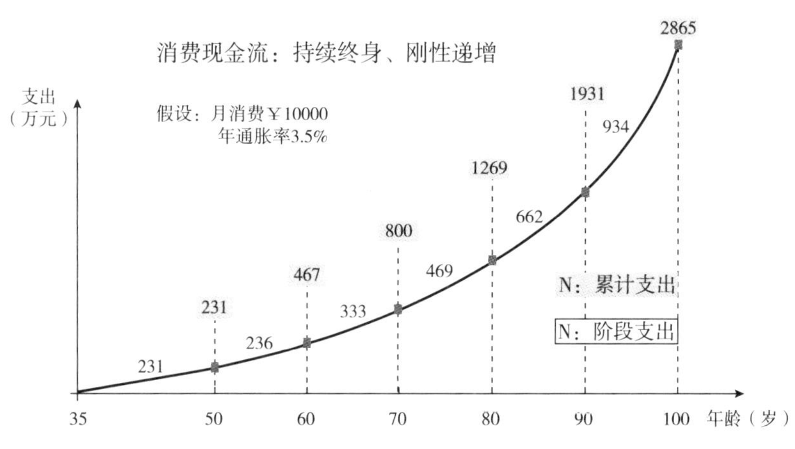

图 10-1　基本消费现金流

基本消费需求：五步计算

如何满足退休后的基本消费需求？我们结合案例，需要做以下五步的计算和规划。

第一步　确定想要在多少岁退休，期望活多大。

例如，想在 65 岁退休，活到 95 岁。

第二步　计算退休后总共需要花多少钱。

这一步计算，需要确定以下几个要素：

（1）按照现在的物价，确定一个基本消费水平，例如每月 10000 元；

（2）确定通货膨胀率，它通常在 3%~5%，例如按 3.5%。

然后利用我们在“长寿化”部分所讲的公式和计算方法，就会得出 65 岁后总共的支出为 1739 万元。

例如，张先生现在 35 岁，家庭月均支出 1 万元，他按预期寿命 95 岁、假定通货膨胀率为 3.5% 计算：

总支出 $E = 1 \times 12 \times [(1+3.5\%)^{(95-35)} - 1] \div 3.5\% \approx 2358$（万元）

65 岁前 $E = 1 \times 12 \times [(1+3.5\%)^{(65-35)} - 1] \div 3.5\% \approx 619$（万元）

65 岁后，养老阶段支出 = 2358−619 = 1739（万元）

养老期支出占比约为 3/4（1739 ÷ 2358≈73.7%）。

第三步　计算退休前要攒多少钱，才够终身消费用。

这一步计算，基于这样几个前提：

（1）假设到 95 岁，钱恰好够用；

（2）假定 65 岁时，我们存放养老金专属账户的年收益率为 4.5%。

通过计算可以得出，在 65 岁开始养老的那一年，在账户中存够 907 万元，在投资年收益率为 4.5%、年通货膨胀率为 3.5% 的前提下，恰好满足活到 95 岁的消费需求。

第四步　计算从现在开始，除了已有养老金，每年要靠自己准备多少钱。

我们需要这样推算：

（1）如果现在就退休的话，已有养老金（社保、企业年金等）月收入水平（例如现在能拿到每月6000元）对当下基本生活支出（现在每月10000元）的满足率，6000 ÷ 10000 = 60%。

（2）计算个人需要补充的比率及金额：个人至少需要补充40%，为了保证宽裕一点，防止已有的养老金替代率下降，我们按个人补充50%算，那么65岁前个人至少需要准备907 × 50% = 453.5（万元）。

（3）假定投资收益率为4.5%，每年需要积累的养老金数额为S，套用以下方程式计算，$S \times [(1+4.5\%)^{(65-35)}-1] \div 4.5\% = 453.5$（万元），得出：S≈7.4万元。

也就是说，张先生从35岁开始到65岁，每年积累约7.4万元，放在一个收益率为4.5%的账户中，在3.5%的通货膨胀率下，能够满足夫妇二人维持基本消费水平到95岁所需的费用。

如果张先生没从35岁开始存，而是推迟到45岁才开始存，根据同样的方法计算，可以得出，45~65岁每年大约需要存14.5万元，相比35岁开始存，每年的负担差不多要翻一番。

所以，积累养老金，越早开始越轻松！

第五步　选择合适的工具。

能够做养老储备的工具有很多，例如银行存款、理财产品、基金、债券、房产、保险等。但是能够完美匹配“持续终身、刚性递增”的需求，并且保证资金安全的工具不多，其中，终身养老年金保险是首选（包括年金险与万能险相结合的保险产品）。如图10-2所示，其优势、价值可以概括为以下三点：

第一，保证终身领钱，收入刚性递增（复利）。

第二，无须个人操心，资金安全无忧。

第三，可以强制储蓄，兼顾资产传承。

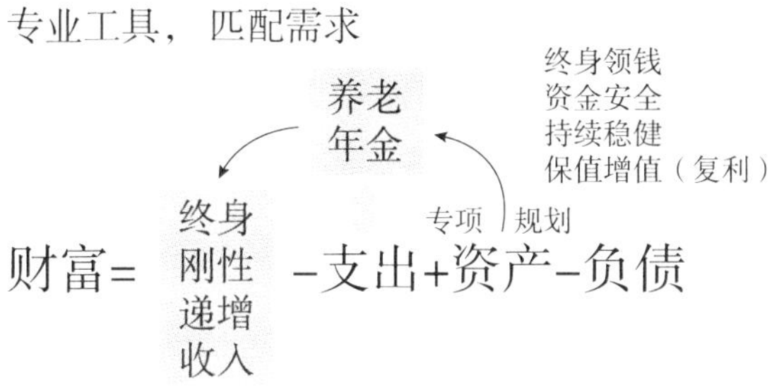

图 10-2　终身养老年金保险是首选

如图 10-3 所示，从“财富守恒定律”的维度来看更直观，没有规划，养老收支失衡。

财富=收入-支出+资产-负债

图 10-3　没有规划，养老收支失衡

第二节　圆梦基金

为快乐买单，您准备好了吗?

除了衣食住行，养老还需要享受自由、快乐的时光。特别是退休生活的早期阶段，人们时间自由、身体健康，处于享受人生的黄金时段，能做自己喜欢做的事、圆以前没有精力圆的梦想，例如，旅游、培养兴趣爱好、读老年大学、参加各种聚会等，这样一辈子也算过得很值了。但任何事情都是有代价的，这段时光随时随地都要花钱，而且通常要比上班时花的多很多。

我们前面提到的《美国人活 100 岁要花多少钱？》的分析报告称，60~69 岁年龄段，有钱、有时间最舍得花钱。很多 60 多岁刚退休的人，往往会觉得他们终于有了时间和积蓄，终于能够拿出一点来挥霍一下，大部分 60 多岁的人将大量积蓄花在了娱乐消费上，比如旅行或者享受自己最大的爱好。所以，60 多岁这个年龄段在整个退休期的花费是最高的。

这就存在一个问题，如果不加以控制，就会一不小心花超了，甚至动了“老本”，后面的基本生活费可就不够了。

建议：要有单独的预算，选择合适的工具

所以，建议将这部分规划独立于基本生活费之外，对它有一个单独的预算，准备时可以利用以下工具：

（1）定期两全险，选择到 60 多岁期满的产品，中途享有保障，到期领钱享受生活。

（2）指数基金定投，博取较好的收益。因为这部分需求弹性较大，并非刚需，可以适当冒点险。

至于具体数额，由于每个人的情况差异很大，根据自己的需要来设定就好了。

第三节 居住方式

老了住哪？现代社会提供的选项很多，而不同的居住方式带来的养老支出差异巨大。我们分别来看一下。

一、居家养老：多数人想要，但难以持续

以前“多子多福”的时代，绝大多数人都是在家养老，住自己家花费就很低，身体不好也有儿女照顾，居住方面就不需要单独花钱。这是最经济的一种方式。

现在 90% 的老人仍然首选居家养老，这样可以有属于自己的空间，自己说了算，相对比较自由，这也是它的一个优势。但是若想居家养老，二者必居其一：第一，你自己身体好，能照顾好自己；第二，你照顾不了自己，但有人来照顾你，子女负责照顾或请人上门。但是在“少子化”时代，目前大量老人在家处于“空巢”的状态，没有年轻人在身边陪伴，一旦身体不好又没人照料，就不可持续。这是居家养老最大的痛点。根据国家卫生健康委员会的统计数据，“空巢老人”约占老人总数的一半。

为什么这么多老人“空巢”？会遇到什么问题？这篇《当独生子女遇上“空巢老人”》的报道进行了深入的分析。由于出国留学、异地求学或工作等原因，不少独生子女的父母早在四五十岁就开始经历家庭“空巢”。过去是因子女成家立业而空巢，现在变为因子女异地求学或工作而“空巢”。随着独生子女的父母年龄不断增大，这份孤单就变成了不便。倒三角的年龄结构，最终形成了养老倒挂现象。与多子女家庭养老相比，独生子女家庭将遭遇更大的养老困境。“我现在一是担心父母生病了怎么办？二是父母不能动了之后，公立养老机构住不进去，民营养老院又住不起怎么办？”一位受访的年轻人说道。

《父亲躺在地上，儿女在通讯录里……》，2017 年的老人节，朋友圈被这篇公众号文章刷屏了。65 岁的朱阿姨一个人照顾瘫痪在床的丈夫已经五年了，唯独没有想过丈夫会在深夜两点多的时候掉到地上。女儿远在成都，亲戚和朋友这个时间都在熟睡，坚强了一辈子的朱阿姨在那一刻抱着丈夫哭了。最后朱阿姨跑到楼下央求

两名保安，一再保证即使出了问题也和人家没有关系，两位保安才上楼帮忙把老伴搬到了床上。“我最无助的时候，你爸躺在地上，你在通讯录里。”朱阿姨的遭遇经报道后，老两口的无奈与悲情引发了不少人的情感共鸣。在经济市场化、人口流动化的当下，许多子女都和父母山水相隔，当“空巢老人”需要子女的安慰、关心和帮助的时候，远在千里之外的子女并不知道父母的痛苦，而习惯报喜不报忧，不愿意让子女担心的“空巢老人”，即使生活不如意、不快乐也不愿意打扰通讯录里的孩子……“空巢老人”遇到的缺乏生活照料、看病难、缺少精神慰藉等苦楚，不仅是一个家庭的无奈与无助，更是一个不容忽视的社会问题。①

而“空巢老人”最危险的状态是老人一个人独居。前文中我们曾提到，中国四成高龄老人（80 岁以上）是独居的。随着独居老人的增多，像这种老人离世多日，子女却毫不知情的悲剧经常见诸报端。

寿命不断延长，老龄化不断加深，我国将出现大量高龄、失能、“空巢老人”。以居家养老为主的传统养老模式面临巨大的挑战。

二、社区养老：比较经济，但只能是过渡方式

社区养老，就是由社区提供服务，适合目前还能动，没有大病、失能的老人。它可以作为能够完全自理和完全需要照护之间的一种过渡养老方式，优势是成本较低、不离开家，目前包括社区上门服务和托老所两种形式。

1. 社区上门服务

社区上门服务的内容广泛，例如由社区兴办助老食堂，为行动不便的老人提供上门服务，它带有一定的公益福利性质，价格比较

---

① 摘自 2017 年 10 月 9 日《半岛都市报》。

低廉。有的社区还利用现代科技手段，打造在家智慧养老平台，能监测到老人在家时的身体状况等，安全系数提高了很多，这也为去不了养老院的老人提供了很大的便利。

2. 托老所

白天去托老所，晚上回自己家。可以很好地解决老人孤单、在家不安全等问题。

三、养老院：最完善的方式，想住进去不易

养老院是专门提供养老服务的专业机构，不仅有日常生活照料，当老人有病、失能时，还可以提供医护服务，所以它是“少子化”时代，最具可持续性的方式。但是，相比居家养老和社区养老，住养老院会有较高的、持续的费用支出，对经济能力有较高的要求。目前的养老机构主要有以下三种类型。

1. 公立养老院

如果不能在家养老，很多人自然会想到去养老院，而且首选优质的公立养老院，为什么？因为它的管理比较规范，更重要的是价格相对便宜。但现在最大的问题不是您想不想去，而是您有没有机会去。养老院床位稀缺、一床难求是最大痛点。很多地区要排 10 年、20 年，最夸张的要 100 年才能排上。

2. 私立养老院

私立养老院各种档次的都有，有的像星级酒店，有的像暗房（10 平方米住 2 人），您想住哪个？当然是条件好的。条件好的能好到什么程度？有私人医生、特供食品、康复训练活动，集养、护、医、康于一体……高大上吧？但是不便宜哦！

现实的矛盾是公立养老院难进，私立养老院太贵。整个社会养老设施与服务远远滞后于老龄化速度。等到我们退休的时候，这一切能否得到切实改观，还是个未知数。但是，期望养老院花很少钱

就住得起，会是很不切实的想法。

3. 高端养老社区

近年来，随着中国双高人群（高收入、高净值）的不断壮大，专业化的高端养老社区正在兴起。例如很多保险公司兴建的医养结合的养老社区，正在成为很多高端客户养老的理想之选。因为面向高端，所以一般价格不菲（北京一养老项目每月入住费用 1 万元到 4 万元不等），且入住资格跟大额保单销售绑定。但是，考虑到大量高收入、高净值人士即将或正在迈入退休行列，而优质养老资源（床位）供给有限，可能会出现长期稀缺的局面（如同大城市的车位），如果经济实力允许，现在先通过购买保单实现占位，笔者个人认为还是有很大必要的。

总之，无论如何，我们要做好两手准备，身体好时可以在家养老，等上了年纪，需要人长期照顾时，又有经济条件，我们就去住养老院。

住养老院这笔账应该怎么算呢？准备多少才够用？让我们结合案例计算说明。

一旦住进养老院，所需花费跟基本消费支出的性质类似，也是一种“持续终身、刚性递增”的支出，并且是在基本生活之上增加的一种负担，所以，仅靠我们前面计算和准备的基本生活费很难满足，必须做单独预算和准备。举个例子：刘先生现在 45 岁，打算 75 岁时跟太太一起去住养老院，按预期寿命 95 岁算，需要住 21 年。他们看中了一个高端养老社区的户型，目前每月的费用为 2 万元（含 2 人的居住费、服务费），他们打算 60 岁前攒够一笔钱，用它来支付 75 岁后去住养老院的费用，在假设投资收益率为 4.5%，通货膨胀率为 3.5% 的前提下，60 岁前每年要存多少钱才够住到 95 岁用？经过计算，答案是每年大约要存 31.7 万元。

选择什么工具呢？跟基本生活要求一样，也需要一笔确保能够持续终身、刚性递增的现金流，所以商业年金保险仍然是最佳的选择。此外，住房反向抵押式养老、养老型基金可以作为补充。

第四节　健康支出

一、“非健康寿命”会很长

本书前面曾说到，“老年是一系列连续不断的丧失”。人到老年，影响最大、最普遍的，就是健康的丧失。现代人患病率在不断上升，但寿命却在延长，这似乎是一对悖论，但事实就是这样，多数人延长的寿命中相当一部分是“非健康寿命”。著名医学杂志《柳叶刀》多年前发表的《全球健康研究报告》指出：“人类延寿，疾病相伴。”在过去的 20 年中，人类的寿命在全球范围内已经增加大约五年，但其中只有约四年的健康寿命。也可以把这理解为相当于增加了四年的健康和一年的病痛。

了解老年健康的关键词——“非健康寿命”，也就是人生最后阶段，要带病生存多少年。以北京为例（北京市是中国第一个进行健康寿命调查的城市），2012 年北京市户籍居民 18 岁组期望寿命为 64.31 剩余年，而健康期望寿命为 40.17 剩余年，这就意味着这一人群在 64.31 年的剩余生命里，要在疾病或者残疾状态下度过约 24.14 年。听起来相当恐怖对吧，而据北京市疾控中心公布的北京市居民“健康期望寿命”数据，整个北京市民的平均不健康寿命长达 18 年。对此，有关专家评论说，“北京市成年居民健康期望寿命的结果提示我们，虽然北京市居民的期望寿命已经达到了世界发达国家的水平，但生命质量并不是非常理想，一生中的各种因素积累下来，造成了我们有 10 到 20 年的非健康状态”。

二、“养老最大的问题是医疗”

不是所有病都会要命，但所有病都一定要钱。平均10~20年要不断看病、吃药，那得需要多少钱？如果你只攒了基本生活的钱，病一来钱没了，或出现大的缺口了，往后的日子可怎么过！我们来看《中国保险报》一则报道《养老最大的问题是医疗》中的典型案例：“北京市的廖女士照顾瘫痪在床的70多岁的老伴五年了，她说药费中除去能够报销的部分，每个月至少有3000元要自己承担，两个人每个月的生活费支出只有1000元，医疗费用远远高于生活支出。廖女士说幸亏自己身体比较好，否则家庭承受不了两个人的医疗费用。在养老生活中，日常开销都属于可以控制的范围，而医疗费用的支出则无法计划。资料显示，人一生中的医疗花费的2/3以上发生于老年。”

所以，对养老而言，吃饭可能不是最大的问题，最大的问题是医疗。从这个意义上说，健康支出的准备，是养老规划不可或缺的组成部分，同样需要单独的预算，以免因为治病把养老的本提前花光。

三、健康保障保驾护航：要趁年轻，早做规划

所以，除了社保医疗，老年期的健康保障还需要从年轻时规划投保终身重大疾病险、商业医疗保险（但是缺乏终身医疗险且大都不保证续保，是目前商业医疗险的痛点），并适当利用互助平台，以及其他资源加以组合。

第五节　长期看护

一、“少子化”时代，失能老人照顾出现断层

人到晚年最怕什么？怕的是生命很顽强，健康很脆弱。躺在床上不能动了，还能再活一二十年，甚至二三十年。在长寿时代，这种场景会越来越常见。那么问题来了，长期失能，靠谁照顾？

靠孩子，而孩子就一个，还不一定在身边；即使在身边，还要看孩子有没有耐心；即使有耐心，也要看孩子有没有时间，毕竟孩子还要工作养家。

靠配偶，那配偶身体好不好？配偶能不能永远陪着你到终点？

“三化”（长寿化、老龄化、少子化）时代，当家庭养老功能被严重削弱，而社会养老供给不足时，失能老人的照护问题就面临断层，结果导致“一人失能，全家失衡”的悲情故事每天都在大量上演。

长寿化、老龄化、“少子化”，当孩子无力承担养老压力时，传统孝道便面临巨大挑战……例如，“甩老族”的频繁出现。

二、专业机构护理，是大势所趋

1. 专业护理，是人性化的选择

失能老人需要有人常年不间断地在身边服侍，从现实的角度来看，考虑时间、专业性，最好由专业的机构来提供护理服务。很多地区也在试点对失能老人提供集中的长期看护服务，这样可以让家人得以解脱，避免“一人失能，全家失衡”、孩子陷入尽孝和工作

两难的局面。

2. 专业护理，两大难题待解

还是那句话，理想很丰满，现实很骨感。专业机构护理目前存在两大现实问题：一是，专业护理人员缺口巨大；二是，专业护理院的成本高昂。

一个护理员要照顾十几个老人，怎么可能照顾得到位？解决这个问题有两个选项，一是加大政策扶持力度，壮大护理人员队伍；二是，随着人工智能等科技的成熟与进步，用机器人护理来弥补护工的短缺，目前日本已经有了很好的解决方案。

专业护理院的成本高昂，绝大部分老人靠退休金根本支付不起相应的费用。《上海长期护理需求调查》显示，一位老人入住护理医院，要花费1.58位老人的退休金，仅靠退休金，失能老人的生活难以为继。所以，靠专业人员护理，目前也难以普遍推行。但是，毕竟专业护理是将来的大势所趋，为此，我们还是要做足准备。

三、护理是刚需，需要一笔独立的预算！

老而渐衰，衰而失能，是自然规律。因此，护理是养老的刚需，同样需要在基本生活之外做单独的预算。好消息是，有的城市正在试点将长期护理纳入医保（其实即便医保没有这部分开支都已经压力山大），但是即使医保能提供一定的保障，也会像基本医疗保险一样，难以解决全部的负担。面对昂贵的护理费用，对多数人而言，唯一可行、也是最佳的方式，就是趁着年轻为自己配置长期护理险。长期护理险，是安心养老不可或缺的配置。

第六节 告别世界

一、留爱不留债

俗话说“生老病死”，人总有一天要离开这个世界，但这事可不是两眼一闭、啥事都没了这么简单。人告别这个世界时，还会有一系列的事情，包括遗体的处理、告别仪式，以及选择一块安息之地，这些必然需要一系列的费用支持。现代社会很多事情都实行市场化，例如那个长眠的地方，以前是免费的，现在可能贵得要死。能有多贵？可能比别墅、海景房还贵。青岛多年前的报道中说，一平方米墓地要十几万元，而且还不是永久产权，过20年还要续费。圆满的人生，应该是留爱不留债，所以一份完善的养老规划，应将“告别世界的费用”也纳入考虑范围，不把负担留给子孙后代。

二、规划建议：终身寿险、保险金信托

年轻时应为自己投保终身寿险，并通过受益人的指定，对身后事做好万全的准备。

对普通家庭而言，一份终身保障，让自己的爱在身后得以延续，不给后代添负担，也让自己活得更有尊严。

对富有家庭而言，通过大额保单传承财富，可以起到更简易、更私密、更可控、更确定的功效，甚至还可以起到节税的作用。如果将大额保单与保险金信托结合，还能够管控受益人背离家族价值观、资金使用不当、经营失败、胡乱挥霍的风险，并隔离婚变分

产、财产被债务侵蚀等风险，这种安排更完善、更人性化（详细内容，请参考本系列丛书之《家庭财富风险管理之资产保全与传承篇》相关内容）。

本章小结

通过以上分析，我们可以看到，养老的需求是多方面的。一个科学的养老规划，首先，需要对所有需求进行详细、深入、全面的了解，做到充分地预见；其次，在此基础上，在预算范围内，分别选择合理的解决方案，做到统筹兼顾，最终实现充足的准备。基于充分的预见和准备，我们才会有信心迎接幸福的晚年，而不会使我们的养老成为一场没有准备的“超级沙漠之旅”。

综合准备篇的各项需求与匹配的工具，汇总如表 10-1 所示。

表 10-1　养老综合保障需求与匹配工具

养老需求	匹配工具
基本消费	以社保养老、企业年金、商业养老年金为核心资产，以住房抵押养老、养老基金为候补资产
住养老院	
圆梦基金	定期两全险、基金定投、理财产品
健康支出	社保医疗、重大疾病险、住院医疗、百万医疗、长期护理险、保单贴现
长期看护	
告别世界	终身寿险、保险金信托

附 录

附录一

保单贴现简介

人身险保单具有长期性和条件给付性，通常除了期满、退保、贷款的方式，很难将其提前变现。而为保单长期交费占用了大量资金（也积累了较高的现金价值），万一投保人遭遇重大变故（非保险责任范围事件），急需用钱时，怎么办？有一种新的保单变现方式。

2018 年 1 月，原中国保监会发布《人身险保单贴现业务试点管理办法（征求意见稿）》（以下简称《征求意见稿》），其中明确保单持有人可以以折价的方式，通过保单贴现机构，将人身险保单受益权转让给保单投资人，从而获得贴现的资金。

《征求意见稿》明确将保单贴现分为普通贴现和重疾贴现。普通贴现是指保单持有人无力续费或者不愿意继续持有保单时，将其保单通过保单贴现机构转让给保单投资人，从而获得贴现资金，保单投资人成为保单新的投保人和受益人，并承担保单到期前缴费义务的交易行为。重疾贴现是指重大疾病患者将其持有的保单通过保单贴现机构转让给保单投资人，从而获得贴现资金用于解决医疗救治的财务需求。

根据《征求意见稿》，可以采取保单贴现的产品包括普通型终身寿险、普通型两全保险和普通型年金保险，也就是具有现金价值的长期人身险，将具有上市交易变现资格。

保单贴现在本质上赋予了保单货币化的概念，盘活了存量保单，为保单提供了流动性，同时也将催生新的保单交易市场。国务院发展研究中心金融研究所保险研究室副主任朱俊生表示，随着平均寿命的不断延长，国内人口老龄化与疾病谱的改变，老年人的生活医疗压力可能会促使他们将保单变现。因此人身险保单贴现业务将具有相当大的发展空间。

附录二

养老规划理念与工具

防患于未然，及时行动

养老是人生大事，中国居民应当不断增强养老准备意识，尤其是培养责任意识、时间意识以及行动意识。

——清华大学《国人养老准备报告》

变迁中的中国

社会和经济变迁正改变着中国传统的养老模式。对于年轻夫妇来说，未来将有4名甚至更多的老年家庭成员需要其进行日常照护或帮助。

——世界卫生组织
《中国老龄化与健康国家评估报告》

个人养老金仍在起步阶段

从现状来看，中国的养老金制度需要进一步发展要发挥作用。中国目前实行三支柱养老保障体系,但第一支柱独大。第二支柱企业年金和职业年金发展较为缓慢。而第三支柱，即个人养老金，仍处于起步阶段。

——毕马威《中国养老金展望》

我们所面临的养老挑战

中国老龄化正在加速向前推进。截至 2018 年末，中国 65 岁以上的人口达到了 1.67 亿人，占总人口的比重为 11.9%。世界银行预计，中国 2050 年 65 岁以上人口比例将增长到 26%，平均每五个人中至少有一位是 65 岁以上的老年人。这给中国经济与社会带来的挑战不言而喻，但机会也往往相伴而生。

60岁以上老人	人均寿命	生育率	2013年社保养老金缺口
2.5亿元	77岁	1.5%	18.3万亿元
老龄化	长寿化	少子化	

年轻一代面临养老的心态

大多数人都已经意识到拥有养老金计划的重要性。调查显示，各年龄群体预期的平均退休年龄为 57.6 岁，只有 11% 的人希望在 65 岁以后退休。但与此同时，大多数人都并未开始为他们的理想付出实际行动：54% 的调查对象承认他们并未开始任何养老储蓄。事实上，他们为养老金储蓄的平均开始年龄为 45 岁。大多数调查对象相信他们将会拥有舒适的老年生活。为了达成这个目标，在不考虑投资的基础上，调查对象认为他们每人至少需要 182.2 万元人民币的养老现金储蓄。

57.6岁	54%	45岁	182万元
年轻一代希望的退休年龄	未做任何储蓄人数占比	养老金储蓄开始的年龄	舒适养老需要的现金储蓄

资料来源:《中国养老前景调查报告》

他们也曾年轻、乐观……

韩国 韩国老年人晚景凄凉　近半数生活贫困——新浪财经

贫困折磨着近乎半数的韩国老年人——他们这代人曾是韩国战后迈向发达经济体过程中的中坚力量。每月20万韩元（约合175美元）的基本养老金仅够维持食宿开销，许多人只能靠从事卑微或低贱的工作来维持生计。

日本 “老年贫困”已成日本社会难题——新华网

著有《身边的贫困》一书的大西连警告说：“很多人都以为老年人的贫困问题是个很遥远的话题，实际上每六个日本人就有一个处于相对贫困的状态。但是随着近年来预算的削减，生活保护等各种社会保障制度要求个人负担的比例越来越高。看不见未来的日本将使每一个人都面临陷入窘境的风险。”

美国 美国人退休难安享晚年——参考消息

美国退休研究中心称，较低的退休后节余意味着，大多数家庭在进入退休后，不得不将开支减少10%以上。这还是在每个人都工作到65岁，并将其所有资产转变成退休收入的情况下。

德国 德国养老成了“老大难”——人民网

退休后有可能陷入贫困成为不少德国老人面临的问题。1985年，一名退休老人领取的养老金是在职职工平均收入的57%，2014年降到48%，预计到2030年将只有43%。与之形成鲜明对比的是，1990年德国领取养老金的人数为1500万，2013年为2520万。德国是经合组织成员国中养老金替代率最低的国家之一。

凡事预则立，不预则废。

——子思《中庸》

居安思危，思则有备，有备无患。

——左丘明《左传》

幸福养老是规划出来的！

养老，好比一场沙漠远行，能否顺利抵达目的地，关键在于是否能够正确地预见和充分地准备。

养老五问

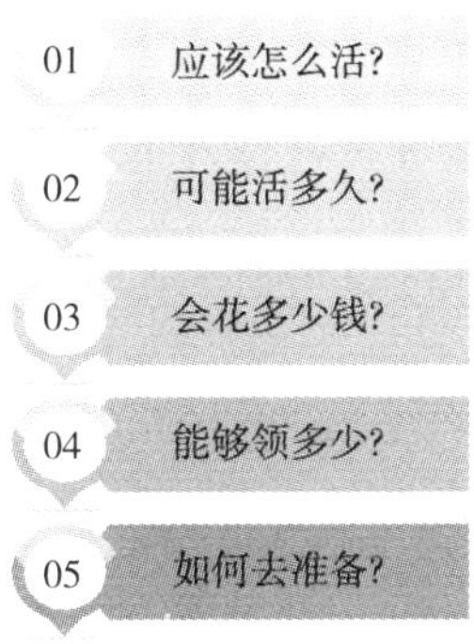

应该怎么活？幸福晚年“333”

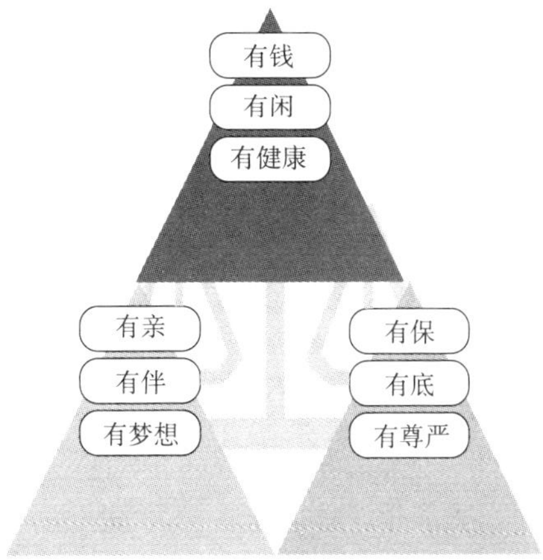

有亲、有伴、有梦想

受访退休者人均参与5种不同的休闲活动。

74%
Walking
散步/快走

60%
Watching TV
看电视

30%
Going online
上网

30%
Music
听音乐

24%
Tea
喝茶/品茶

23%
Mahjong/Poker
麻将/纸牌

22%
Gardening
种植花草

20%
Dancing
跳舞/广场舞

受访退休者半数人每年会出游旅行。

50% 每年至少1次国内游

9% 每年至少1次出境游

“从1995年开始，一发不可收拾地去了80个国家。
我们的目标是80岁之前走完100个国家。

汪叔叔，73岁，北京”

资料来源：《中国老龄化社会的潜藏价值》。

有保、有底、有尊严

81%的老年人，认同“老年人不应该成为家庭和社会的负担”。

资料来源：《中国老龄化社会的潜藏价值》。

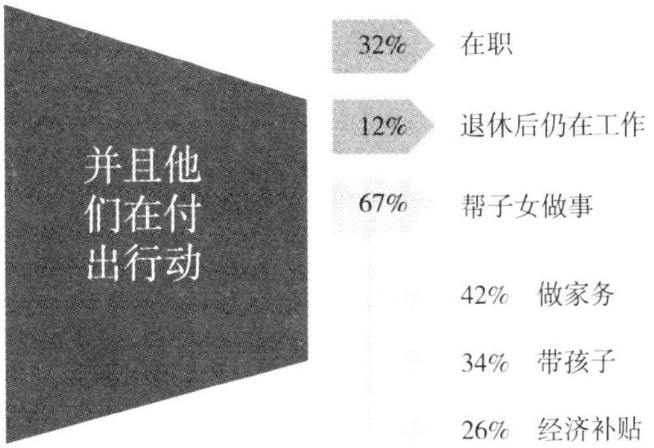

可能活多久？

《百岁人生》

人类的寿命正在飞速递增，每个人都有可能活到一百岁，或者至少将近一百岁，我们这辈子将会迎来一个非常漫长的人生。

——[英]琳达·格拉顿和安德鲁·斯科特

2018年5月，世界卫生组织（WHO）在日内瓦发布最新报告《世界卫生统计2018》，公布各国当前平均寿命预期数据。

排名	国家	总体平均寿命预期	女性	男性
1	日本	84.2	87.1	81.1
2	瑞士	83.3	85.2	81.2
3	西班牙	83.1	85.7	80.3
4	法国	82.9	85.7	80.1
5	新加坡	82.9	85	80.8
6	澳大利亚	82.9	84.8	81
7	意大利	82.8	84.9	80.5
8	加拿大	82.8	84.7	80.9
9	韩国	82.7	85.6	79.5
10	挪威	82.5	84.3	80.6

长命百岁不是梦

我们都将活满百岁

世界经济论坛一项新研究《我们都将活满百岁：怎么才能承担得起》

寿命稳步增长

1997年出生的孩子都可能会活到100岁

半数可达百岁

预计2007年出生在美国、加拿大的人口中有一半平均最长可以活到104岁，而日本则是107岁

百岁人生规划表

1	2	3	4	5	6	7	8	9	10
11	12	13	14	15	16	17	18	19	20
21	22	23	24	25	26	27	28	29	30
31	32	33	34	35	36	37	38	39	40
41	42	43	44	45	46	47	48	49	50
51	52	53	54	55	56	57	58	59	60
61	62	63	64	65	66	67	68	69	70
71	72	73	74	75	76	77	78	79	80
81	82	83	84	85	86	87	88	89	90
91	92	93	94	95	96	97	98	99	100

☐　您现在多少岁？

☐　您希望哪年退休？

☐　您有多少年准备养老？

☐　您预计要准备多少年的养老？

三阶段人生

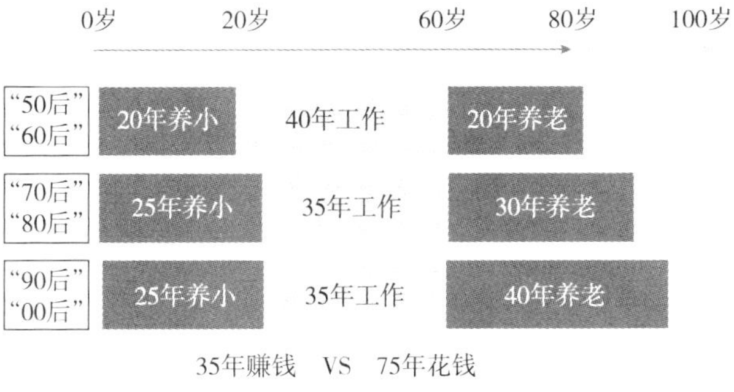

过去的人生分为三个阶段，第一个阶段上学，第二个阶段工作，第三个阶段回家养老。三段式人生几乎是过去几十年里大多数人的基本节奏，其实是特定时代下的特定产物。如果人类只能活六七十岁，这个节奏还是可以的。但是当大家都活到一百岁的时候，三段式就不可避免地要崩盘，这里面最根本的一个问题是财务和工作的问题。

——《百岁人生》

会花多少钱？——基本开支

李女士，今年 50 岁，家庭日常开销 5000 元 / 月，年通货膨胀率假定 3.5%。

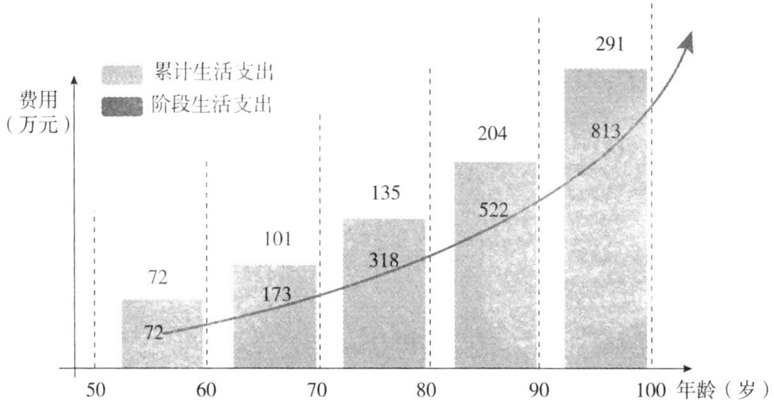

会花多少钱？——疾病治疗

养老有更多的医疗保健服务

随着年龄的增长，伴随着身体机能的不断衰退，老龄人口罹患慢性病的患病率要远高于其他年龄段。根据卫健委统计数据显示，随着年龄增长，慢性病患病率大幅增长，其中 65 岁以上老龄人群慢性病患病率达到 53.99%。

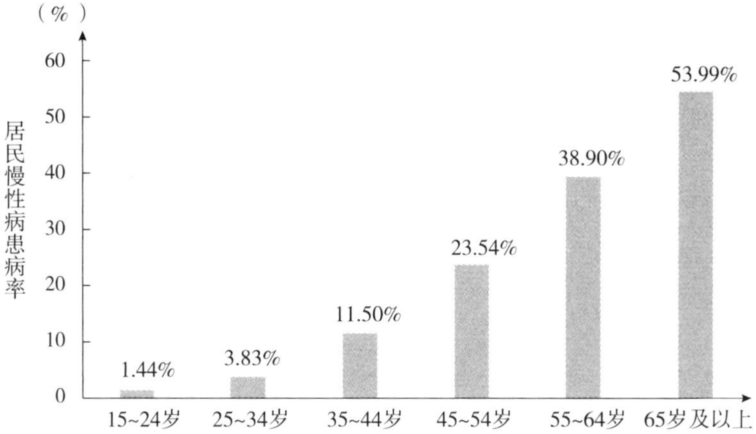

资料来源：卫健委，鲸准研究院。

会花多少钱？—— 疾病治疗

数据显示，家庭收入 5000 元以下的受访者将近 50% 的收入用于医疗保健。

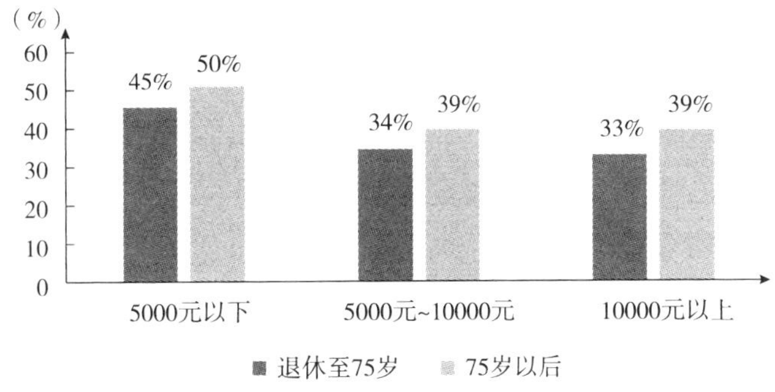

资料来源：《国人养老准备报告》。

60% 的人，在人生最后 28 天，把 60% 的积蓄全部花完。

资料来源：凤凰卫视《领航者》。

会花多少钱？—— 长期护理

谁需要长期护理？谁来护理？谁来出钱？

《2016 中国长期护理调研报告》显示，全国 7% 的家庭有需要长期护理的老人。79.9% 的家庭主要护理服务提供者为配偶、子女和亲戚，28% 的家庭护理费用支出在 1000~3000 元，18% 的家庭护理费用支出在 3000 元以上，其中得到医保或社保支付的人群占比仅为 21%，得到商业保险支付的占比不足 4%。

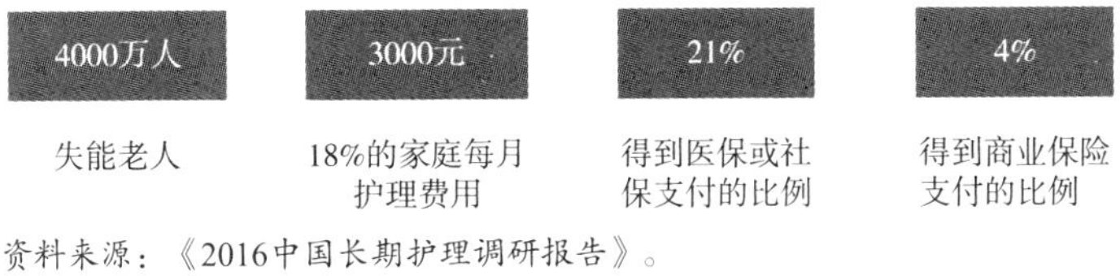

资料来源：《2016中国长期护理调研报告》。

年龄越大，护理依赖等级越高

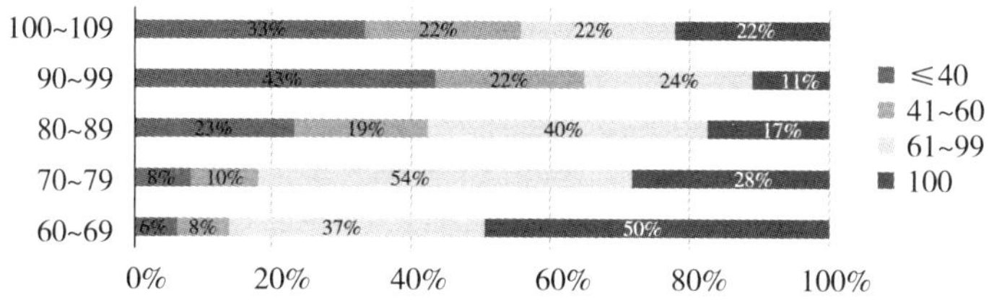

各年龄组老人护理依赖等级

资料来源：《中国长期护理调研报告》。

护理等级越高，费用花销越大

护理服务支付意愿与护理依赖等级

每月费用（元）	0	1~1000	1001~3000	3001~5000	大于 5000
≤ 40	20.7%	26.4%	24.1%	14.9%	13.9%
41~60	22.2%	31.1%	27.8%	10%	8.9%
61~99	33.3%	42%	19.7%	3.7%	1.2%
100	36.8%	42.1%	14%	3.5%	0%

资料来源：《中国长期护理调研报告》。

想要优雅老去，就要终生自立。

——清华大学杨燕绥教授

可能领多少？——社保

社会养老保险体系的现状与趋势（3 个 1 和 1 个低）。

1多	1少	1延迟
领社保的人越来越多	交社保的人越来越少	延迟退休年龄

2018 年城乡居民基本养老保险 60 岁以上参保人数约为 16557.7 万人，未来 20 年内领取城乡居保基础养老金人数仍将快速增长，到 2036 年达到 32345.4 万人，年均增长约 3.85%。

——《社会保障绿皮书：中国社会保障发展报告（2019）》

2018 年城乡居民基本养老保险 60 岁以下参保缴费人数约为 37354.5 万人。到 2026 年峰值 45828.8 万人。2027~2045 年参保缴费人数逐年下降，年均减少 2.8 个百分点。2046~2050 年参保人数约 19846.1 万人，年均减少约 5.78%。

——《社会保障绿皮书：中国社会保障发展报告（2019）》

针对人口老龄化加速发展的趋势，适时研究出台渐进式延迟退休年龄等应对措施。

——国家人力资源和社会保障部部长　尹蔚民

养老金替代率低：

$$\text{养老金替代率} = \frac{\text{某年度新退休人员的平均养老金}}{\text{同一年度在职职工的平均工资收入}}$$

世界银行组织建议，要想维持退休前生活水平，养老金替代率需不低于 70%。

国际劳工组织《社会保障最低标准公约》建议，养老金替代率最低标准为55%。

养老金替代率

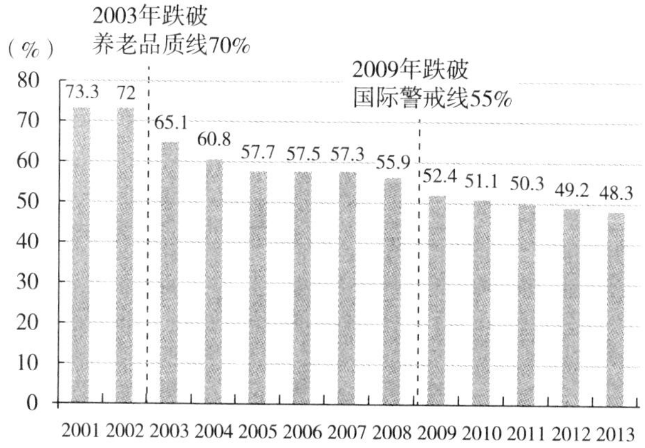

资料来源：根据国家人力资源和社会保障部和国家统计局历年统计年鉴数据整理。

收入越高，替代率越低

个人	工资/社平工资	现在工资（元/月）	实际基本养老金（元/月）	实际替代率	理想替代率	理想养老金（元/月）	理想－实际每月缺口
A	1倍	4672	2369.61	50.71%	65%	3037	667
B	3倍	14016	5707.23	40.70%	65%	9110	3403
C	5倍	23360	5707.23	24.40%	65%	15184	9477
D	10倍	46720	5707.23	12.20%	65%	30368	24661
E	15倍	70080	5707.23	8.10%	65%	45552	39845

资料来源：《中国人口老龄化发展趋势预测研究报告》。

中国现在规定的交费标准确实不低，待遇水平也应该说确实不算高。

——原国家人力资源和社会保障部副部长 胡晓义

如何去准备？

养老规划“345”

1.老有所养

2.病有所医

3.寿有所终

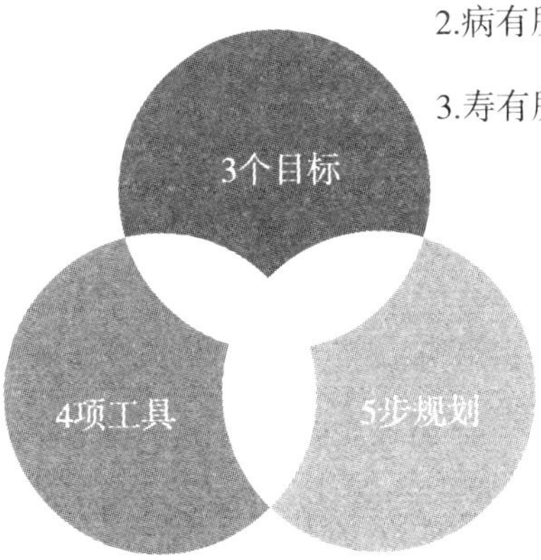

1.准备多久

2.准备多少

3.替代多少

4.补充多少

5.如何补充

1.养老年金

2.重疾保险

3.长护保险

4.终身寿险

养老规划“345”

养老金规划 3 目标

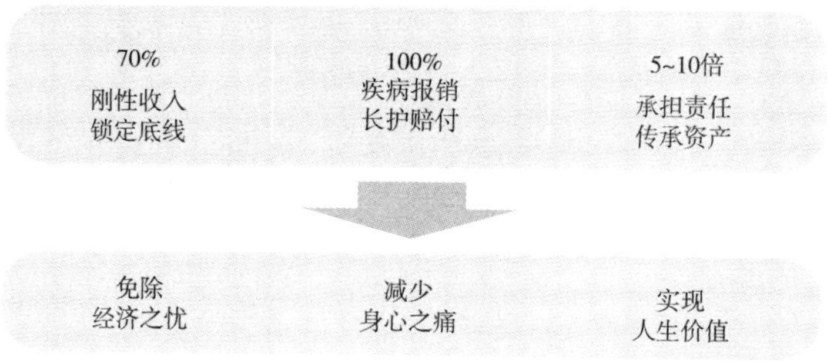

（续）

养老规划“345”

养老规划 4 个工具

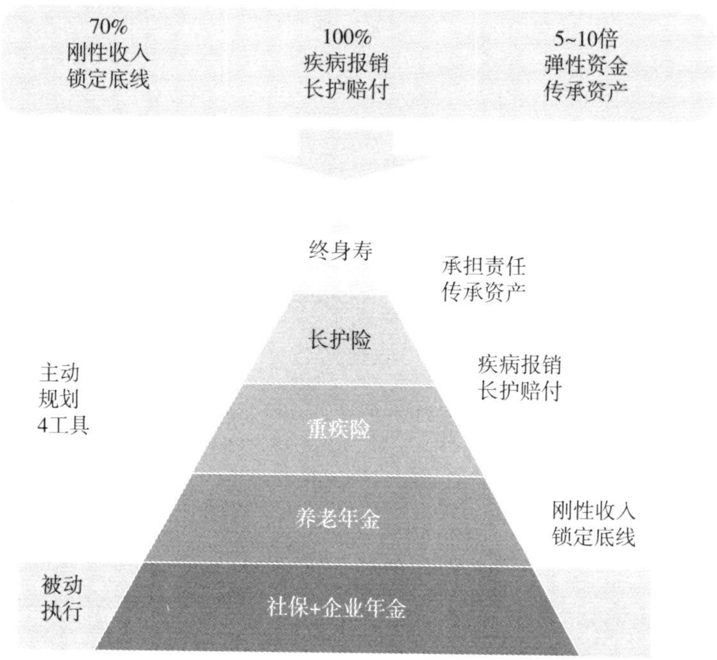

养老规划“345”

养老金规划 5 步法

步骤	具体内容	实际数据
准备多久	预计退休年龄？您的实际年龄？	—
准备多少	现在年收入？期望养老品质线？	—
替代多少	预估综合替代率？可替代收入？	—
补充多少	为确保养老品质线，您需要每年补充多少？	—
如何补充	所需保费及交费年限	—

愿您拥有幸福的晚年

从心所欲，不知老之将至。

“吾十有五而志于学，三十而立，四十而不惑，五十而知天命，六十而耳顺，七十而从心所欲，不逾矩。”

——《论语·为政》

“发愤忘食，乐以忘忧，不知老之将至云尔。”

——《论语·述而》

愿您历经峥嵘岁月，在人生新的阶段，寻回自我，尽兴而活。

不再受限
自我释放

不留遗憾
重拾梦想

不再错过
把握当下

后记

在结束本书讨论之前，笔者借用以下资料强调本书的观点。

退休，是人生最大的一笔负债

从财务的角度来看，人一生有付出、有收获，于是形成了一张人生的“资产负债表”。相比于买房、医疗、养育子女这几项“资产负债表”上最重要的资产和负债，退休计划的时间跨度长，一般在 20 年以上，需要的资金额度高达几百万元，甚至上千万元，堪称人生最大的一笔负债。

“三化”（长寿化、少子化、老龄化）时代，过去的养老模式和价值观被颠覆，我们需要新的养老计划。

养老规划，商业保险的价值独一无二

养老的财务需求是多方面的，其中，保险的价值是无可替代的。提高养老储备水平，商业保险是根本，因为它所具备的强大的保证持续给付性是独一无二的，这一点无论是对于改变国家养老三支柱失衡的状态，还是保障个人拥有充足的养老收入，都至关重要。

希望本书带给您以下思考：

通过本书的逐步解析和展示，您感觉过去是否低估了养老的需求？

这种低估，如果不及早知晓，并及时采取必要的行动，最终的结果会怎样？

您还记得《后顾无忧——构建未来财富安全体系》的忠告吗？还记得“超级沙漠之旅”的比喻吗？

阅读本书后，您将会采取哪些行动？

如果您从事的是个人财富规划领域的工作，本书对您有哪些启示？您将如何把它运用到自己的工作中？